辽宁美

1.2亿年前的生命奇观

关蓉晖 - 策划　　　赵闯 - 绘　　　杨杨 - 文

北方联合出版传媒（集团）股份有限公司

辽宁科学技术出版社

辽宁美是时间献给世界的礼物

辽宁美是时间献给世界的礼物。

世界在辽宁展现了它不可思议的奇迹。

亿万年来，持久的地壳运动打破了海的宁静，带来了群山巍峨。河流在大地上寻找出路，生灵在适合的空间繁衍后代。自此，天辽地阔，山海相映。陆地上植被蔓延，龙兽出没；天空中喙鸣翼展，万羽飞舞；鱼在水中潜伏，龟在沙滩横行；塘坑池边，古老的蛙声此起彼伏。

不知不觉，地球上第一朵花在辽宁的大地上盛开了。那些不甘寂寞的恐龙们，也悄悄地长出了翅膀，在无数次失败的练习后竟然飞上了蓝天。

美，在时间的细微处日夜绽放，在时间的流逝中不断演变，又在世界的纵深点不断被记录。辽宁，是一个多么幸运的名词啊，她是地球上最顽强的土地之一：当天裂地陷、当水干河枯时，古老的原住民们化身为石，用自己弱小的躯体彰显了造物的伟大。当人类在历史的指引下登上地球舞台时，那些被掩埋的、被尘封的、被珍藏的生命在辽宁的角角落落里，不经意间又自然而然地回归到这个五彩斑斓的世界。

这是何其悲壮的美，又是何其深刻的美啊！

今天，当我们站在这片土地上欣赏春天的万物复苏，夏天的生机勃勃，秋天的层林尽染，冬天的雪花纷飞；欣赏它多样的文化、独特的风情；欣赏它作为重要的工业基地所特有的硬朗气质，作为现代化大都市所呈现的摩登样貌，作为历史名城所凸显出的积淀与厚重之时……我们是否想过，这样的美从来都不是它的全部。

时间是"辽宁美"的见证者，从遥远的过去走到现在，也会抵达未来。在大约 28 万年前，就已经有人类在这片土地上活动。这也就意味着从那时候开始，人类才开始用双眼来见证这里的美。然而那些几百万年前、几千万年前，甚至亿万年前曾出现在这里的美呢？它们又曾被谁注视过呢?

时间、时间,就是时间。

美与时间的对话是一场永恒的交流。在时间的长河中,美以不同的身份,与时间相互依存,相互成就,共同写下了美的历史。今天当我们站在这片古老的土地上,想要再一次认真地欣赏它的美,我们又怎能不回望美的历史呢?怎能不跨越时间的界限,在一个更加深邃和宽广的世界中相遇美、感知美呢?美在时间的流逝中不断变化着,但幸运的是,它也总会以不同的形式被记录着。就在我们的脚下,埋藏着来自遥远的美,它们以化石的形式被保存在我们的身边,等待着我们去发现,去欣赏。

这些顽强的有着亿万年生命的石头,印刻着遥远的过去那每一个动人的瞬间,彰显着不朽的美的力量。

当我们屏息凝气,俯身静静地欣赏它们时,就会看到郁郁葱葱的森林,粗大的柳杉、落羽杉高耸入云。树梢上,美丽的孔子鸟和辽宁鸟正在筑巢育子。矮小的灌木丛中,一只机警的中华龙鸟正在追捕一只娇小的张和兽。远处,东北巨龙像这个世界的巨人般,向森林外走去。湖水边,地球上第一批有花植物辽宁古果和中华古果悄然萌生,摇曳着一株株小花。湖泊里成群结队的狼鳍鱼、北票鲟享受着自由自在的生活。几只尾羽龙正在水边的开阔地上,抖动着美丽的羽毛向异性求爱。一只黑山沟衍蜓静悄悄地立在一根枯枝上,注视着那笨拙的满洲龟爬上岸晒太阳。而匍匐在岩石上的三燕丽蟾正弓着背、蹬着腿等待着猎物上门……

这是一个多么美的瞬间呀,一个来自亿万年前的瞬间,一个蓬勃的、动人的、充满了生命力的瞬间!而这一切的美好就发生在辽宁,发生在我们脚下这片土地上!

美从不因时间的流逝而褪色,它只会在时间的积淀中愈发光彩夺目。让我们一起在时间的长河中感受自然的美、生命的美、时间的美,感受它们如何在相互交织中创造出独一无二的辽宁美。

此刻,当我们有机会回到时间的深处,凝视亿万年前的那些生命奇观,我们,是何等的荣幸啊。

感谢时间,感谢自然,感谢这片土地生生不息的万物,感谢不断追求进步的每个人类成员。

辽宁美,献给世界,献给你。

目录

013 能够飞上天空是带羽毛恐龙的梦想，然而在那个生存竞争极为激烈的时代，曾有很多生命都为飞翔进行过勇敢的尝试。

015 哺乳动物也曾在空中享受过飞行的乐趣，它们在森林中如蝙蝠般自由滑翔的身影，仿佛可以将时空打乱。

016 作为人类的远祖，中生代的哺乳动物并非那个世界的主宰者，大多数时候它们只能在恐龙的阴影下艰难求生。

019 然而哺乳动物的困境也许只是人们想象的，毕竟它们也拥有恐龙不具备的优势。

020 存在于中生代的那个"毛茸茸"的世界，远比人们想象的更复杂。人们通过珍贵的化石，领略着它的风采。

023 随着越来越多长有羽毛的植食恐龙被发现，这片神奇的土地给我们带来的惊喜也越来越多了。

025 人们究竟是从什么时候开始真正了解这片土地上那个遥远的故事的？就是在1996年，那个特殊的年份。

026 在这里，激烈的战斗每天都在上演，那是它们无法逃避的日常。

029 并不是所有长有羽毛的恐龙都会飞行，但是的确有一部分带羽毛恐龙早早就在为飞行做准备了。

031 | 羽毛是飞行的必要条件，但是飞行并不是只要拥有羽毛就能实现。带羽毛恐龙在飞行方面要面对的困难还有很多。

032 | 不会飞翔的带羽毛恐龙依旧要在竞争激烈的陆地环境中努力地生存下去。

034 | 今天人们之所以能认识这么多带羽毛恐龙，是因为它们的化石保存得足够精美。

037 | 人们在辽宁发现了很多保存得非常完好的恐龙化石，它们看起来栩栩如生。

039 | 保存精美的化石仿佛是一本尘封的"日记"，当我们打开它时，仿佛也回到了主人记录下那一瞬间的时刻。

041 | 在那个"毛茸茸"的恐龙世界里，人们还能见到不一样的面孔吗？

042 | 让我们来看看印象中那些体形庞大、身覆鳞片的恐龙在那里过着怎样的生活？

044 | 每种恐龙都有保护自己的独特的武器，这彰显了它们生存的智慧。

046 | 作为比人类早亿万年存在于地球上的生命，恐龙总是有着超乎人们想象的生存策略。

130 这也是独属于辽宁的翼龙家族，在那个遥远的时代，这里到处都是它们的身影。

133 湖岸边是这些翼龙最爱的栖息地之一，它们既能就近捕食水里的鱼儿，也能享受岸边的美景。

134 在陆地上生存的恐龙无疑是翼龙最忠实的陪伴者，然而很多时候它们又是翼龙的猎捕者，它们之间有着复杂的情感。

136 飞行对于翼龙来说是生存中最重要的能力，即便它们拥有这样的本能，还是需要多加练习。

139 不同的翼龙总是会大胆地尝试朝不同的方向演化，这是它们的生存策略。

140 如果能够拥有足够强的飞行能力，那就意味着生存领地也会随之扩大，这对于哪一种动物来说都很重要。

143 远行是为了获得更多的食物、更丰富的水源，以及更好的生活。这是那些只能做短距离飞行的翼龙所无法拥有的。

145 和恐龙一样，翼龙也会面临喷发的火山给它们带来的危险。即便它们拥有极好的飞行能力，在大自然的灾难面前也无能为力。

146 有时候，生命就是那样脆弱，即便只是一场暴雨，也有可能让一个鲜活的生命戛然而止。

149 不过大多数时候，翼龙生活里的重担依旧是想办法填饱肚子。毕竟这是它们每天必须要面对的问题。

151 每个生命都是与众不同的，即使来自同一个家族，不同的个体也在努力展现属于自己的魅力。

152 不同的特征之间并没有优劣之分，重要的是能否加以妥善利用，使之变成属于自己的优势。

154 有些独特的翼龙不仅模样特别，就连生活习性也很奇特，这让它们拥有了别样的生活。

157 作为中生代翱翔于天空的飞行家，翼龙家族用翼膜创造出了绚烂的天空之美。

159 在中生代，那些伟大的飞行家除了翼龙以外，还有鸟类。

160 中生代的鸟类是一个非常庞大的家族，包含了较为原始的反鸟类、进步的今鸟型类，以及一些更为原始的基干鸟类，它们共享那片广阔的天空。

陆地之美

或许你从未用这样的角度欣赏过脚下的这片土地——将时间无限延伸，成为时间的见证者，去记录每一个伟大的瞬间。你会发现，在人类之前，这片土地曾拥抱过无数的生命。从巍峨的高山到茂密的森林，从开阔的原野到神秘的沼泽，每一寸土地都曾见证过生命的繁荣与更迭。这片土地的美，必定饱含着生命的力量。在那些恢宏壮丽的片段中，你无法避开那群名为恐龙的生命。那是一群曾经主宰过地球的物种，就像今天的人类一样。

亿万年前的辽宁曾经是恐龙的天堂，它们尽情地享受着这里绝佳的气候环境，展现出无与伦比的生命力。它们在这片古老的土地上生存、繁衍、战斗、死亡，用生命写下了伟大的诗篇。或许没有哪一个族群能够超越恐龙曾经创造的辉煌，它们以其庞大的种类和数量，在极为漫长的时光中，在每一个你能想象到的空间里，寻找着生存的可能。

那是一段令人叹为观止的生命史诗，幸运的是，人类的远祖——哺乳动物，曾有幸亲眼见证。

远古的辽宁，是初生的哺乳动物的家乡。它为这群生活在恐龙的阴影之下，却依旧展现出顽强毅力的生命，提供了最温暖的港湾。

亿万年后的今天，那些曾经主宰地球的生命早已经消逝，在时间的长河中化作一曲生命的交响。然而，当我们驻足脚下，却仿佛依然能听到它们奋力奔跑的声音。这是它们为这片土地留下的最珍贵的礼物，铸就了这片土地不一样的美。

让我们回到侏罗纪晚期，去往那片生机盎然的乐土。

　　我们的故事就从 1.6 亿年前那个寻常的黄昏开始吧，那是一个遥远陌生又充满未知的世界。当然，这句话显然是对人类说的。对于那时的居民，这里无疑是一片生机盎然的乐土。

　　诞生于那片土地上的每一个生命，都足以成为传说，那是时间给予它们的礼物。

　　在那样一个温暖的黄昏，一场激烈的厮杀正在上演。一只斗志昂扬的近鸟龙展开双翅，奋力追逐两只欧亚皱纹齿兽。斜阳将森林浸染成一片红色，到处都散发着浪漫的气息。可惜，眼前这三只紧张的家伙却无法停下脚步，享受片刻的安宁。

　　很快，局势就会变得明朗起来，也许会以一只欧亚皱纹齿兽的死去画上句号，也许需要近鸟龙重新打起精神，进入下一场猎捕……

　　黄昏很快就会过去，猎捕的最佳时刻转瞬即逝。

　　一天就要这样结束了，而我们的故事才刚刚开始……

在那片土地上，有一群特别的生灵，它们创造出一个神奇的世界。

在地球的生命演化史中，那是一个极为特别的时代。如果想要准确地描述它，必定离不开"恐龙"这个词。就像今天人类被称作地球的主人一样，那时候的地球由恐龙主宰。它们遍布地球的每一个角落，今天被我们称之为辽宁的这片土地当然也不例外。

然而，恐龙一定不是当时陆地上唯一的生物。无论在什么时代，一种生命都不可能独享地球。生命害怕孤独，它们需要相互依存。于是，在喧嚣的恐龙世界里，有一群娇小的生命——哺乳动物在陆地上与它们相伴。它们之间算不上朋友，就像欧亚皱纹齿兽对近鸟龙而言，前者只是后者饥饿时想要迅速吞到肚子里的猎物。那时的哺乳动物比恐龙小得多，它们刚刚诞生不久，而当时恐龙来到地球已经将近1亿年了。

此刻，一只像近鸟龙一样长有四只翅膀的丝鸟龙正在林间跳跃。它机警地望向四周，想要看看有没有一只小小的哺乳动物能送上门来。

这群长有羽毛的恐龙，在遥远的时代开启了一场独特的生命演化之旅。

在亿万年前的辽宁，恐龙有着鲜明的特色。它们大部分十分娇小，长有羽毛，看上去和今天的鸟类颇有几分相像，反倒和我们印象中的恐龙大相径庭。这些奇特的恐龙为这片土地平添了许多神奇的色彩。

不过，如果我们仔细观察就会发现，这些恐龙的羽毛和鸟类的羽毛并不完全一样，有一些甚至都没有宽大的羽片。就像这只始中国羽龙，它的羽毛只是柔软的丝状物。

和生命的演化相仿，羽毛的演化也是一个极其复杂的过程。它们最初并不是为了飞翔而生，而是为了帮助动物保暖或者成为动物向异性展示魅力的工具，所以它们的结构一开始注定不会跟鸟类的羽毛相同。

当我们仰望天空，感叹于鸟类自由地振翅高飞时，你可曾知道在遥远的中生代，就在这片土地上，也曾有一群生灵长有翅膀，想要飞行。

天气着实不错，阳光透过层层叠叠的枝叶铺洒在晓廷龙华丽的羽毛上。它将长有飞羽的前肢紧紧地收在身体两侧，抻着脖子向远处望去。它修长的腿上那些长长的羽毛，在微风中轻轻地摆动，和尾巴上漂亮的尾羽一唱一和，仿佛一起弹奏着一曲欢快的歌谣。

如今能够自由翱翔的鸟类，只有前肢转化成了翅膀，但是长有羽毛的恐龙前肢和后肢都拥有翅膀却是一种司空见惯的时尚。只可惜这些恐龙大多没有飞行能力，晓廷龙也不例外。

这群和今天的鸟类有着相似模样的恐龙，究竟和鸟类有什么关系？这片土地又隐藏着关于鸟类怎样的奥秘呢？

为什么这里的恐龙看起来和鸟类如此相似？

你也许听过这样的说法：鸟是由恐龙演化而来的，从科学上来说，今天的鸟类其实也是一种恐龙。

鸟类是恐龙？这大概会让你倍感震惊，但这是真的。

或许现在你就不难理解为什么这些恐龙和鸟很相似了吧！你瞧，眼前这只长有四只翅膀的曙光鸟，要是抛开它嘴里锋利的牙齿，前肢上锋利的爪子，还有那条长长的骨质尾巴，是不是有点儿今天鸟类的样子？

古生物学家认为，曙光鸟以及我们刚刚见过的近鸟龙，它们都是恐龙演化成鸟类的过程中最重要的基干类群。它们是这一演化过程中人们发现的最古老的化石证据。也就是说，鸟类的起源之谜就埋藏在辽宁这片土地中。

能够飞上天空是带羽毛恐龙的梦想，然而在那个生存竞争极为激烈的时代，曾有很多生命都为飞翔进行过勇敢的尝试。

长有羽毛的恐龙已经令你感到足够惊讶了吗？可是你知道吗？在辽宁这片神奇的大地之下，人们竟然还发现了另外一类更加神秘的长有翼膜的恐龙。

长有翼膜？那会是什么样子？想想你见过的鼯鼠吧，长有翼膜的恐龙看起来就有点儿像是穿越到亿万年前的鼯鼠。

浑元龙就是我们现在要说起的主角，人们是从一副几乎完整的骨骼化石认识它的。化石上清晰地保存着它的翼膜印痕，那是通过加长的肱骨、尺骨、第三指与棒状长骨来附着的膜质的翅膀。浑元龙就是依靠着翼膜，在林间自由地滑翔的。

事实上，从侏罗纪中期起，恐龙就开始了飞向天空的探索。在这个探索的过程中，它们进行了很多大胆的尝试，其中就有像浑元龙这样依靠翼膜来飞行的。虽然这些尝试大部分以失败告终，但我们仍然要对它们曾经勇敢迈出的每一步予以最大的敬意。

哺乳动物也曾在空中享受过飞行的乐趣，它们在森林中如蝙蝠般自由滑翔的身影，仿佛可以将时空打乱。

在那个时代，希望凭借翼膜在空中滑翔的不只有恐龙，还有哺乳动物。

白日里的热浪渐渐消散，晚霞带着余晖悄然而至。恐龙们结束了一天的"工作"，准备享受入睡前片刻的安宁。然而属于哺乳动物一天的生活才刚开始。

几只祖翼兽已经按捺不住，张开双臂，从树杈上腾空而起。它们像穿着披风的夜精灵，急切地想要把这静谧的世界抱在怀里。

祖翼兽是哺乳动物漫长的演化历程中最原始的滑翔动物，它们的祖先经历了由陆地来到树上，最终换上皮翼在空中滑翔的奇特历程。

作为人类的远祖，中生代的哺乳动物并非那个世界的主宰者，大多数时候它们只能在恐龙的阴影下艰难求生。

一只树贼兽悠闲地趴在银杏树枝上，长长的尾巴卷着另一根细细的枝条。它四周那些碧绿的像手指一样的叶子，被月光照得亮晶晶的。那时候的银杏不同于现代的银杏，叶子又窄又细，裂得也很深。

树贼兽喜欢待在树上，这样当它捕食的时候就可以展开皮膜，在林间滑翔，非常方便。不过现在，它用不着这么大费周折。只见它先是举起右前肢，紧接着向下探了探身子，随后一招猴子捞月，一把就抓住了蜻蜓的脑袋。这个小家伙就是它今晚的第一顿美餐了。

然而哺乳动物的困境也许只是人们想象的，毕竟它们也拥有恐龙不具备的优势。

这几只仙兽和神兽正在枝丫间愉快地攀爬着，它们的脸上有谨慎，有喜悦，也有期望。

哺乳动物的世界其实极为丰富，既有能够凭借翼膜在空中滑翔的精灵，也有喜欢栖息在树上的家伙；既有在陆地上奔跑的小可爱，也有偏爱掘洞居住在地下的神秘成员；甚至还有一些小伙伴长着扁扁的尾巴，没事儿就愿意在水里游泳……面对多样化的栖息环境，它们展现出高度适应环境的能力。

存在于中生代的那个"毛茸茸"的世界，
远比人们想象的更复杂。人们通过珍贵
的化石，领略着它的风采。

2009年，一块来自中国辽宁省建昌县的化石引起了古生物学家的注意。这是一个亚成年恐龙的骨骼化石，化石中不仅保留了部分骨骼，还留存了羽毛印痕。这些印痕显示在它的颈部、背部以及尾巴末端长有长的、管状的、不分叉的羽毛。

当时发现长有羽毛的恐龙对于古生物学家来说已经不是一件新鲜事了，但是眼前的这块化石还是让他们大为震惊。因为和之前发现的带羽毛恐龙化石不同，这块化石的主人不是来自兽脚类恐龙家族，而是来自畸齿龙科恐龙家族，这并不是一类和鸟类亲缘关系很近的恐龙。它们不捕食猎物，而是主要以植物为食。

之前，古生物学家一直认为羽毛是和鸟类关系更近的兽脚类恐龙以及鸟类的专属，现在他们的想法被彻底颠覆了。随着奇特的天宇龙被发现，给人们的思考注入了全新的活力。

随着越来越多长有羽毛的植食恐龙被发现，这片神奇的土地给我们带来的惊喜也越来越多了。

　　黑暗被一点儿一点儿地驱散，白天重新统治了这片森林。一只朝阳龙迎着柔和的阳光在茂密的森林中穿梭。四周清凉而潮湿的空气像一层薄纱包裹着它的身体，那是只有在清晨才会享受到的一种微妙的感觉。只过了一夜，地上的苔藓便又厚实了一些，它们争先恐后地钻到朝阳龙的脚下，想要将昨夜的趣事告诉它。

　　作为一只来自角龙家族的恐龙，朝阳龙的模样与周围的恐龙大不相同。也只有尾巴上的那些羽毛时刻提醒着它，自己也属于这"毛茸茸"的世界。

人们究竟是从什么时候开始真正了解这片土地上那个遥远的故事的？就是在 1996 年，那个特殊的年份。

虽然人们证实鸟类是由恐龙演化而来的是在近几十年才完成的事情，但是早在 100 多年前，英国著名的博物学家赫胥黎就已经提出这个假设。只是很长一段时间以来，大部分人都不相信，因为从那时候发现的化石来看，恐龙就是全身覆盖着鳞片的庞然大物，人们无法把这样的恐龙和长有羽毛的会飞的鸟儿联系在一起。

然而，事情在 1996 年迎来了一个巨大的转机。这一年，古生物学家在辽宁发现了一块保存有羽毛印痕的动物化石，并将它命名为中华龙鸟。

起初，人们以为它是一种原始的鸟类，介于恐龙和鸟类之间。但是随着研究的深入，他们发现这个判断是错误的，因为中华龙鸟实际上并不是鸟，而是真正的长有羽毛的恐龙。这是人们发现的第一种带羽毛恐龙。

中华龙鸟的横空出世，颠覆了人们对恐龙的理解，人们第一次知道在恐龙世界里竟然有这样一个独特的类群，大大拓宽了人们认知的边界。

在这里，激烈的战斗每天都在上演，那是它们无法逃避的日常。

　　跑，拼命地跑……

　　一只张和兽绷紧身体，腾空而起，它锋利的爪子带起了地上的石块和树叶。它惊恐地叫着，没命地向前逃去。

　　就在刚刚，它的同伴被那只可怕的中华龙鸟抓了起来。那家伙张着大嘴，露出了锋利的牙齿，贪婪的口水甚至都滴在了它的毛发上。

　　中华龙鸟算不上个头很大的猎手，体长还不到一米，可是对于张和兽来说却已经是庞然大物了。在那个时代，像它和同伴这样娇小的哺乳动物，只能在恐龙的阴影下艰难求生。这样的生活虽不容易，但张和兽和同伴们从来没想过放弃。

并不是所有长有羽毛的恐龙都会飞行，但是的确有一部分带羽毛恐龙早早就在为飞行做准备了。

神奇的中华龙鸟就像一把金钥匙，打开了带羽毛恐龙世界的大门。从此以后，人们在辽宁这片土地上发现了数量众多的带羽毛恐龙化石。

中国鸟龙不仅像鸟类一样长有羽毛，还有与早期鸟类非常相似的骨骼形态。虽然它不会飞行，但是它的骨骼系统已经完全具备了拍打式飞行的要求。

已经成为陆地统治者的恐龙为什么要向天空发起挑战？这或许和它们面临的生存压力有密切的关系。面对越来越激烈的竞争，那些敢于突破自己，率先走出舒适圈的个体，总是会比别人争取到更多的机会。而从陆地飞向天空，就是恐龙实现的最大突破之一。

羽毛是飞行的必要条件，但是飞行并不是只要拥有羽毛就能实现。带羽毛恐龙在飞行方面要面对的困难还有很多。

一根光秃秃的树枝引起了天宇盗龙的注意，因为树枝上有个翠绿色的小东西在阳光下分外明亮。天宇盗龙放慢了脚步，轻轻地向树枝靠拢。它并不需要走得很近就能看清楚，因为它的视力非常好。那不是什么稀奇的宝物，只是一只小小的古鸣螽。

此时的天宇盗龙肚子饱饱的，它没有什么捕食的打算，只是想和这家伙逗逗趣罢了！

较短的前肢让天宇盗龙失去了飞翔的可能。它被囚禁在陆地上，与众多凶猛的恐龙争夺有限的食物。不过，这并没有让它的日子变得灰暗起来。相反，它总是习惯在艰难的生活中为自己创造出一些乐趣。

不会飞翔的带羽毛恐龙依旧要在竞争激烈的陆地环境中努力地生存下去。

这会儿的阳光很好，把森林照得五彩斑斓。

一只振元龙在森林中飞快地奔跑着，修长的双腿带起了地上的落叶。它兴奋地去追一只小小的趴在树干上的蜥蜴。它三步并作两步冲到树下，本打算轻轻一跃将蜥蜴抓住，可谁知蜥蜴听到了动静，蹭地一下向上蹿了出去，它短短的前肢扑了个空。

振元龙没在意，扭头去找新的猎物去了。它表现得很平静，那是它每天面对无数个相同时刻，经历无数次相似的考验换来的。

今天人们之所以能认识这么多带羽毛恐龙，是因为它们的化石保存得足够精美。

为什么这些化石保存得如此之好，不仅有骨骼，还保存了很多皮肤的衍生物？这可能和火山碎屑密度流有关。当时辽宁地区的火山活动频繁，火山碎屑密度流不仅导致了以恐龙为主的陆生动物大规模死亡，还在流动过程中，把一部分动物卷到了密度流里面。在流经湖泊的时候，由于流速降低，动物遗体又被抛到了湖中。与动物遗体一同抛到湖里的，还有大量沉积物，这些沉积物把动物遗体迅速掩埋，最终形成了化石。

寐龙是人们根据发现于这里的一具完整的骨骼化石命名的。这具化石非常特别，它留存了动物生前睡觉的姿态。这只娇小的寐龙像小鸟一样蜷缩着身体，将脑袋埋在前肢下，正享受着香甜的梦境。可惜，滚烫的火山岩浆把它的生命永远定格在了这个美好的瞬间。

人们在辽宁发现了很多保存得非常完好的恐龙化石，它们看起来栩栩如生。

　　辽宁猎龙的化石也呈现出一个极为特别的姿态，它的身体极力蜷缩着，将前肢折叠于胸前，看起来就像躺在石板上的鸟。

　　化石中的辽宁猎龙还很小，死亡的时候只有4岁。在那个痛苦的瞬间，它究竟经历了什么？

　　也许它正在低头看向从自己脚下跑过的一条蜥蜴，它想抓住那个小东西，于是它绷紧了身子，抬起右脚，想要用力地向后踩下去，可是它还没来得及收获那天的第一顿美餐，就被突如其来的火山爆发掳走了性命……

保存精美的化石仿佛是一本尘封的"日记"，当我们打开它时，仿佛也回到了主人记录下那一瞬间的时刻。

　　这本独特的"日记"所记录的瞬间总是充满痛苦，是痛苦让本应该继续的故事戛然而止。当我们翻开"日记"，便能真切地感受到那个瞬间。

　　然而即便如此，能够以这样的方式重新认识它们，了解它们，想象着它们也曾在我们脚下的这片土地上幸福地生活过，无论对它们还是我们，都是一种慰藉。

　　刚刚我们看到的辽宁猎龙，留存了极为完整的化石，那是人们目前发现的最完整的伤齿龙科化石之一。为人们了解辽宁猎龙以及其他伤齿龙科恐龙比如中国猎龙，提供了极大的帮助。

　　古生物学家发现的中国猎龙的化石并不多，但是他们可以依据其他伤齿龙科恐龙化石推测出它的模样，这就是一本本"日记"穿越时空的隧道带给我们的礼物！

在那个"毛茸茸"的恐龙世界里，人们还能见到不一样的面孔吗？

　　长有羽毛的恐龙诞生于侏罗纪，繁盛于白垩纪，其中绝大部分都来自热河生物群。热河生物群是白垩纪早期的一个古老的生物群，以中国辽宁西部、河北北部和内蒙古东南部为主要产地。这里以数量众多、精美壮观且保存完好的多门类陆相生物化石群闻名于世，其中最引人注目的生物当属恐龙。不过，热河生物群里的恐龙也不全都是娇小的带羽毛恐龙，这里也生活着身覆鳞片、体形庞大的恐龙，与人们印象中的恐龙形象相契合。

　　体长 11 米的东北巨龙就是这类恐龙的典型代表，它来自以庞大的体形、修长的脖子和尾巴而著称的蜥脚类恐龙家族。和家族中的其他成员相比，它的体形略显娇小，但是在那群毛茸茸的小可爱面前，它可是名副其实的庞然大物。

让我们来看看印象中那些体形庞大、身覆鳞片的恐龙在那里过着怎样的生活？

一只锦州龙遭到了三只中国鸟龙的袭击。

阳光格外明媚，甚至有些刺眼，让锦州龙有些睁不开眼睛。它感受到了皮肉撕裂的疼痛，想要尽快离开这里，可是它笨重的身体似乎完全不听指挥。一只中国鸟龙已经毫不犹豫地将锋利的牙齿和镰刀状的弯爪深深地刺入了它的皮肤，到处都是喷涌的鲜血，锦州龙忍不住痛苦嚎叫起来。

明媚的阳光并没有给锦州龙带来什么好运，在倒地的那一刻，它艰难地望向太阳，祈祷着这只是一场白日的幻觉。

长有鳞片的锦州龙体形很大，但面对中国鸟龙的集体猎杀，它依旧力有不逮。

每种恐龙都有保护自己的独特的武器，这彰显了它们生存的智慧。

薄氏龙的境遇并不比锦州龙好多少，它们同样来自鸭嘴龙形类恐龙家族，同样拥有不小的体形，然而面对娇小的带羽毛恐龙的攻击时，它们能做的也只有尽可能快地逃命。

　　不管是锦州龙还是薄氏龙，它们除了具有中等大小的体形，保护自己的唯一手段就是依靠群体的数量。它们依靠庞大的群体在猎手如云的地方筑起安全的屏障，一旦脱离了队伍，很容易成为被攻击的对象。它们是热河生物群最核心的成员之一，起到了调节当地生态系统平衡的重要功能。

作为比人类早亿万年存在于地球上的生命，恐龙总是有着超乎人们想象的生存策略。

黄昏的阳光总是带着些许神秘的味道，它常常能把天空染成从未有过的颜色，也能让湖水调出奇异而迷人的色彩。每当黄昏来临，世界就好像被重新洗刷了一遍，碧绿色的叶子瞬间变成橙色，白色的云朵也像刚从五彩的染缸中飘出来。世界变得不再是我们认识的模样，就像这只在水里抓鱼的辽宁龙。辽宁龙就是甲龙类恐龙家族独一无二的存在，它们不仅擅长游泳，还喜欢捕鱼。

辽宁龙虽然比薄氏龙小了不少，可是它们却有着比薄氏龙更加强大的保护自己的武器——它们全身覆盖着坚硬的装甲，让想要攻击它们的掠食者无从下口。

拥有装甲是植食恐龙在防御功能上迈出的一大步。与此同时，发育出头盾和尖角则代表了植食恐龙演化的另一巅峰。

甲龙类恐龙是白垩纪时期非常特别的一个植食恐龙家族，因为拥有坚实的装甲，猎手便不敢轻易对它们下手。而在当时，还有另外一个类群与它们十分相似，那就是角龙类恐龙。

暮色四合，一只鹦鹉嘴龙妈妈站在岩石上，呼唤着在树林中嬉戏打闹的孩子们快点回家。在夜幕降临之前，除了绚丽的晚霞，还有危险的气息，那是猎手抓紧最后一刻想要猎捕的决心。

鹦鹉嘴龙的模样看起来和朝阳龙有几分相像，因为它们是同一个家族的亲戚。此时还只有颧骨角稍显锋利的它们大概不会想到，在不久的将来，它们的后代会以锋利的长角和巨大的头盾闻名世界，走上植食恐龙演化的巅峰之路。

也许人们在这里看不到印象中的装甲武士或者尖角战士，但却能够看到它们走向顶峰的过程。

和擅长依靠装甲被动防御的甲龙类恐龙不同，角龙类恐龙更喜欢凭借巨大的头盾和锋利的尖角主动出击，它们是好战的武士。

辽宁龙就是热河生物群中的一种角龙类恐龙，虽然它的样子看起来和典型的角龙类恐龙有不小的差异，但是和更原始的角龙类恐龙，比如鹦鹉嘴龙相比，它已经有了明显的头盾。从它的身上，我们已经能够看出一些角龙类恐龙威猛的气质了。

在那个遥远的时代，生存下去是所有动物最重要的目标。因此觅食便成了它们生活中的第一要事。

　　好了，让我们再去别的森林里看看那些忙碌的毛茸茸的"小"可爱们在干什么吧！

　　天空是纯净的蓝色，蓝得有些太过亮眼，像是要把大连龙那一身湖蓝色的羽毛比下去似的。这只脚上拥有四把"镰刀"的家伙，顾不上跟天空比美，因为它正在跟一只昆虫较劲。别看它锋利的武器不少，可它并不经常使用它们，它喜欢抓一些不太费力的猎物，反正有吃的就是了，又何必在意是否是一顿大餐呢！

它们全都是务实的猎手，在确保安全的情况下填饱肚子，是它们最佳的选择。

　　带羽毛恐龙大多体形娇小，力量也不大，因此它们在捕猎的时候往往也会选择比较小的猎物，以便提升猎捕的成功率。不过我们不能因此说它们就是弱小的猎手，相反它们有着独特的优势。就像这只曲鼻龙，不仅在后肢上长有锋利的爪子，而且双腿修长，尤其是小腿很长，这表明它的奔跑速度极快。这些优秀的特质足以让它成为出色的猎手。

　　此刻，一个不走运的家伙引起了曲鼻龙的注意。它转过头，用那双大大的眼睛观察着，试图寻找最佳的猎捕时机。它锋利的牙齿和爪子已经做好了出战的准备……

不管对哪种动物来说，觅食都不是一件容易的事情。

一只华夏颌龙沿着一条小径向森林的深处走去，它的脚下是粗粝的石块，四周则是密不透风的错落的植被。和湖岸边宽阔的空地相比，这里可不是什么消遣的好地方。要不是为了避开那些竞争者，华夏颌龙又何必另辟蹊径来这里"探险"呢？不过，它的努力似乎很快就有了收获。嘘，它好像已经看到猎物了……

比带羽毛恐龙更加娇小的哺乳动物，是恐龙猎手们最喜欢的猎物之一。

　　娇小的中国袋兽是带羽毛恐龙理想的猎物之一，它们体长只有十几厘米。

　　和其他生活在当地的哺乳动物相比，中国袋兽非常特别，它们就像现在的袋鼠一样，会让宝宝在自己身体中的袋子里成长。

　　生活在湖岸或者河岸边的树丛里的中国袋兽，有着很强的攀爬能力。它们喜欢待在树上，捕食虫子。对于中国袋兽来说，带羽毛恐龙是它们需要小心提防的可怕的猎手。它们不仅要时刻保护好自己，还要照顾好袋子里的孩子才行。

为了躲避肉食恐龙的攻击，小小的哺乳动物想了很多办法。

　　和中国袋兽一样，始祖兽也喜欢生活在树上。它们有着灵活的肩带、修长的四肢，以及能够对握的四足，这都表明它们有着很强的攀爬能力。

　　能够灵巧地从地面爬到树上，对于始祖兽来说是保护自己的好办法。和在平坦的地面上捕猎相比，想要在细细的枝干上抓到它们，并不是一件容易的事情。

虽然那时候哺乳动物和恐龙相比，大多数时间都处于劣势，但是它们表现出的强大且多样的适应环境的能力，却是不容小觑的。

生活在中生代辽宁地区的哺乳动物，展现出了极大的多样性。不仅有善于在地面奔跑，在树上攀援的种类，还有擅长掘土，适应穴居生活的成员。

眼前的掘兽，就是当时典型的穴居成员。它们挖掘洞穴的工具是长在宽阔手掌上的长而结实的爪。此外，它们的身体还有许多适应掘穴生活的特征，比如它们的躯干长而灵活，脖子短粗有力，尾巴也很小。

幽暗的洞穴，是哺乳动物温暖的家，会给它们提供更多的保护。

食物不是只能通过打打杀杀才会得到，去看看那些优雅的喜欢吃植物的恐龙都是怎样觅食的吧！

带羽毛恐龙不是都喜欢捕食蜥蜴、哺乳动物等猎物，有很多毛茸茸的"小"可爱喜欢进食植物。

看起来和鸟很像的原始祖鸟就是这样，它们来自窃蛋龙类恐龙家族，是家族里最原始的成员之一。原始祖鸟长着一身华丽的漂亮羽毛，可惜因为这些羽毛的羽片是对称的，所以它无法飞上天空。不过，它很喜欢在树上活动，有时候张开翅膀也能从树叉上飞落到地面。

不需要像很多带羽毛恐龙那样和猎物战斗，对于原始祖鸟来说可是件好事。它过着悠闲的生活，到处走走逛逛就能寻觅到美味。

和那些凶猛的猎手不同，以植物为食的恐龙们大多数时间都过着惬意悠闲的生活！

太阳已经高悬在空中，湖边的开阔地飘散着明晃晃的热浪；而茂密的森林里依旧浮动着凉爽的气息，这都要归功于高大的银杏和松柏将灼热的阳光挡在了外面。

切齿龙迈着轻快的步伐，快速穿过树林，它要到湖边去喝点儿水。路上，它看到自己喜欢的植物，于是停下来，把嘴巴凑了上去。它吸了吸鼻子，没闻到什么味道。它的嗅觉不大灵敏，但没关系，它的视力很好，总能轻易发现它喜欢的植物。

睡觉、散步、享用美食、欣赏美景……这就是寻常日子里植食恐龙的生活。当然，生活里也免不了有些意外，比如……

天空就像个淘气的娃娃似的，刚刚还晴空万里，忽地一下子就被从远方涌过来的黑压压的乌云遮盖了起来。神州龙迈开修长的双腿奔跑着，它想赶在雨点儿落下之前找到一个避雨之处。它的身体呈漂亮的流线型，在奔跑的时候尤为漂亮，像一只灵动的大鸟。

其实不只是神州龙，它的那些亲戚们也都和鸟很像，所以古生物学家给它们的家族起了一个形象的名字——似鸟龙类恐龙。

一些看似更适合捕猎的家伙也将目标锁定在植物上，难道真的是在羡慕植食恐龙悠闲的生活吗？

　　把身子站得直直的，又把脑袋抬得高高的，这小家伙是要去抓在半空中飞着的昆虫，还是盯上了趴在树干上的蜥蜴呢？都不是，它只是想够那些鲜嫩的叶子。那些叶子散发出一股独特的清香的味道，它吞了一口口水，把脖子抻得更长了。

　　这个体长 2 米的"小"家伙叫作建昌龙，虽然它是长有羽毛的兽脚类恐龙，却是个不折不扣的素食主义者。

　　喜欢吃植物的恐龙都有一个大大的肚子，但建昌龙的肚子很小，作为原始的镰刀龙类恐龙，它首先要做的是让嘴巴、牙齿适应吃植物的生活。此后经过一代又一代的演化，镰刀龙类恐龙的肚子才会慢慢变大，以容纳更多的植物。

也许我们在植食恐龙的脸上看到的宁静平和只是表象罢了，毕竟随时都会碰到想要攻击它们的猎手。

一只在树林间疾驰的北票龙听到一些窸窸窣窣的声音从身后传来，它停下脚步，谨慎地回头张望。它不是在寻找猎物，而是担心自己成为掠食者的目标。

北票龙个子不小，前肢上还有着又长又锋利的爪子，可是它却不喜欢捕猎，不喜欢吃肉，最喜欢吃植物。这样一来，它前肢上那个镰刀状的爪子也自然而然地成了够取植物的工具。

因为个子大且拥有利爪，北票龙并不容易被捕食，但它依然小心翼翼地生活着，不想生活被意外扰乱。

即使暂时没有遭到掠食者的攻击，在那个遥远的时代，还是会有各种各样的意外时刻威胁着动物的生命。

空气中飘荡着刺鼻的气味已经有很长一段时间了，不用说，那全都拜火山所赐。前不久还只是几座火山在喷发，可最近，火山像是被施了魔法，一座连着一座都从睡梦中醒来。炙热的岩浆疯狂地从地下喷涌而出，像是要将森林里的一切全部吞噬。

热河龙本以为自己生活的地方很安全，毕竟它离那些火山还有些距离。可是就在刚刚，那巨大的轰隆声又响了起来。那响声离它越来越近，看来它得抓紧时间离开这个地方才行。

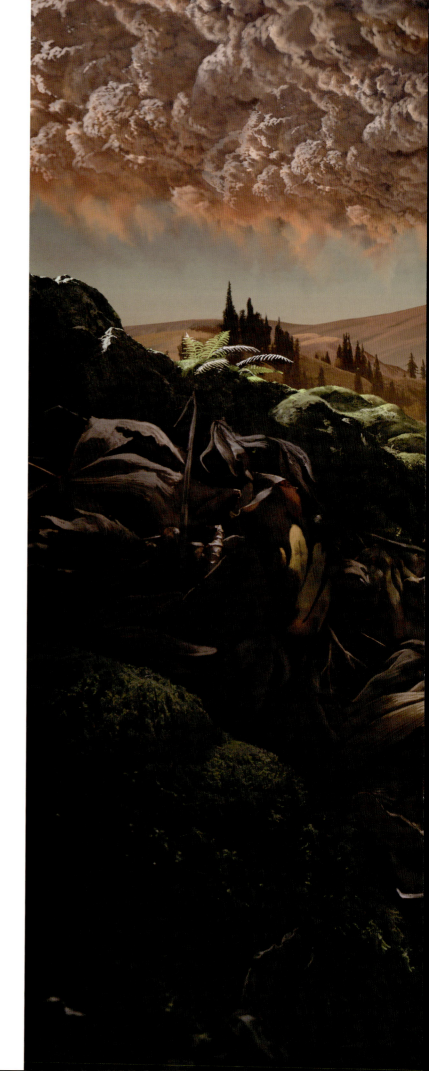

今天的辽宁地区在中生代分布着众多火山，它们是夺走当地居民生命的罪魁祸首之一。

被喷发的火山威胁的不只有热河龙，还有娇小的源掠兽。沉浸在美梦中的两只源掠兽并不知道不久之后，它们就将被火山灰掩埋。

熟睡中的源掠兽先是听到了地面上鹦鹉嘴龙的吼叫声，它们惊醒过来，立刻警惕地四下张望，然后它们就看到了那可怕的一幕——火山爆发了，远处的天空已经被浓烟和火山灰完全遮蔽了起来。它们拼命地逃跑，可是已经晚了，没过多久，它们就被火山灰无情地掩埋了。

火山喷发在夺去动物生命的同时，也给人类带来了珍贵的礼物。那些精美的化石成为人们"重返"中生代的最佳途径。

热河生物群化石的形成，与火山灰的快速沉积掩埋作用有密切关系，这种特殊的埋藏过程不仅能够让远古生物的内部组织结构很好地保存下来，还有可能让它们在细胞级别上有所保留。2021年，古生物学家就在尾羽龙的化石中发现了DNA细胞存在的可能性。虽然这还只是疑似的恐龙DNA，但还是让人们感到非常兴奋。在不久的将来，人们也许能够发现更多的恐龙DNA，为研究恐龙打开一扇新的大门。

眼前的这只雄性尾羽龙并不知道自己将来会给人类带来这么多宝藏，此刻它正专注地抖擞着美丽的羽毛，希望吸引到那只漂亮的雌性尾羽龙。

究竟是什么样的带羽毛恐龙最终实现了飞翔的自由，让我们一起去看看吧！

　　天气出奇地好，树木放肆地生长着，到处都是碧绿，就连高高在上的天空也被映成了绿色。

　　长羽盗龙振振翅膀，便飞上了天。它蓝黑色的羽毛在阳光下闪着亮光，尤其是那条长尾巴上的尾羽长达 0.3 米，更是支棱着要与饱满的枝条争奇斗艳。

　　长长的尾羽在长羽盗龙的飞行中会发挥很大的作用，既能够帮它提供额外的升力，也可以调整飞行方向，还能够在它下降时帮助降低飞行速度，这样它就好像自带降落伞一样，可以慢慢地安全着陆。

人们知道有些恐龙能够飞行这件事情也不过 20 多年的时间，这是由一只娇小的恐龙告诉我们的。

拥有四翼的带羽毛恐龙最大的梦想应该就是能自由地翱翔天空吧！

人类是从小盗龙的化石中发现这个秘密的，小盗龙是人们发现的第一种具有飞行能力的恐龙。它身体小小的，却拥有四只宽大的翅膀。它会像四翼飞机一样，将翅膀叠成两层，在树林间自由地滑翔。

这只小盗龙刚刚从半空中落到这根树枝上，它的动作是那样轻盈而优雅，就像一片蓝黑相间的云彩飘然而下，连周遭的树叶都不曾被它搅扰。

能够在空中自由飞行的恐龙一定有一些共同的特征，以帮助它们实现飞行的梦想。

　　这也是一只四翼精灵，它的名字叫作舞龙，是小盗龙的亲戚，它们都来自小盗龙亚科。

　　在热河生物群，小盗龙亚科这一类群占据着很重要的地位，不仅数量众多，种类也很丰富。但让人不解的是，它们在世界上其他地方却非常罕见。这是为什么呢？

　　也许，这群像精灵一样的小家伙真的只喜欢生活在这里，这儿就是它们梦想中的天堂；也许只是因为它们太小了，而其他地方的埋藏条件不足以让它们成为化石。只有这里，有着大量的火山，而它们最终都被火山灰掩埋并形成了精美的化石。

　　真不知道我们究竟应该替它们惋惜还是庆幸？

在中生代，今天的辽宁地区，是一个绚丽多姿的世界。即便同样是带羽毛恐龙，也有着极大的多样性。

　　长有羽毛的恐龙并不都是娇小的个体，中华丽羽龙就是大个子。

　　这只中华丽羽龙正安静地站在湖边，惬意地享受着清新而湿润的空气。这里美极了，瀑布从高高的悬崖上倾泻而下，在湖面上搅起一圈圈波纹。可是这些美景似乎都不及中华丽羽龙的美貌，它华丽的羽毛简直能把这里所有的风景都比下去。

　　不过如果碰到中华丽羽龙可要小心了，它一点儿也不像看上去那样温柔优雅，它生性凶残，能够将猎物的腿撕下一口吞到肚子里。这听起来真恐怖！

当时站在食物链顶端的掠食者始终是体形庞大的个体，力量在这场战斗中占据了绝对主导的地位。

　　中华丽羽龙的体长大约 2.37 米，虽然它已经属于体形较大的带羽毛恐龙了，可是和中国暴龙比起来，只能是小巫见大巫。

　　中国暴龙来自暴龙类恐龙家族，是极为凶猛的掠食者。眼前的这只中国暴龙正在追捕一只猎物，它迈着修长而健壮的双腿急速前进，贪婪的口水已经忍不住滴了下来。

处在顶峰的掠食者并非只有一种，它们也要面对激烈的竞争。

太阳落山了，两只羽王龙沉沉地睡去。它们睡得很沉，以至于夜晚大片的雪花打落在身上都没有感觉。直到第二日，当一只羽王龙从梦中醒来时，才发现大地已经变成了雪白色。它惊讶地叫着，想要把同伴叫醒，这是它们迎来的又一个冬天。

体长9米的羽王龙是体形巨大的带羽毛恐龙，只是身上长满厚厚羽毛的它们不具备飞行的能力，那些羽毛只能发挥保暖的作用。羽王龙和中国暴龙一样，都是当地的顶级掠食者。

这些顶级掠食者都来自一个赫赫有名的家族——暴龙类恐龙家族。

在白垩纪，暴龙类恐龙在北半球迅速崛起，它们种类丰富，数量众多，分布广泛，其中大部分成员都是各地的顶级掠食者，就像中国暴龙和羽王龙。

不过暴龙类恐龙也不是在朝夕之间就成为这样凶猛的猎手的，它们也是经历了一个漫长的演化过程，才最终站在了食物链的顶端。它们的祖先，就像这只帝龙，体长仅 1.5 米，虽然有锋利的牙齿和爪子，可是看上去纤细瘦弱，并不是十分强大的捕猎者。帝龙大概想不到自己的后代有一天会成为整个世界的霸主。

对于那个遥远而陌生的世界，也许我们了解得还不够多，尤其是那些娇小的哺乳动物，它们真的像我们想象的那样弱小吗？

虽然哺乳动物在整个中生代看起来被恐龙压制，实际上那时候它们无论身体结构还是适应环境的能力都在迅速变得强大起来。

就像这只正在森林中觅食的辽尖齿兽，它拥有比恐龙更敏锐的听力，更容易听到四周细微的动静，这是它在夜间自由活动的前提条件和保障。

一些哺乳动物甚至会将恐龙作为猎捕对象，这听上去虽然有些不可思议，但这就是事实。

不是所有的哺乳动物都甘愿沦为猎物，一旦它们发现了任何一点可以改变的可能，就不会轻易放过。

体形巨大的爬兽就是如此，它会对幼年的鹦鹉嘴龙下手，那干脆利落的动作显然表明这不是一次偶然的举动。

辽宁地区的恐龙化石不仅数量多，而且时间跨度长，从侏罗纪晚期一直延续到白垩纪晚期，足以表明这里曾经是恐龙的天堂。

克氏龙就是白垩纪晚期生活在这里的一种恐龙，它是一种体形中等的甲龙类恐龙，全身都被装甲包裹着，既有厚重结实的甲片，也有锋利的尖刺，在它的尾巴上还有一个巨大的尾锤。完美的装甲让克氏龙拥有出色的防御能力。

其实早在白垩纪早期，甲龙类恐龙就已经繁盛于这片土地了，我们已经认识的辽宁龙就是甲龙类恐龙家族的成员之一。不过到了克氏龙，不管模样还是生活习性都已经发生了极大的改变，这是它们不断适应环境的表现。

和白垩纪早期相比，进入白垩纪晚期，这里的恐龙世界大不相同，至少从化石上看是这样的。

　　雨下得越来越少，茂盛的植被渐渐枯萎，双庙龙该和龙群一起离开这里，去寻找一片新的更适合生活的土地了。它有些依依不舍地回头张望着，它的孩子几个月前刚在这里出生，它对这片土地充满了感情。不过没关系，也许几个月以后它就又能回来了，那时候这里的植被会在雨水的滋润下重新蓬勃地生长起来。

多样化的恐龙化石正向我们
一点点展现出那个世界曾经
的辉煌。

　　人们目前在辽宁地区发现的白垩纪晚期的恐龙化石虽然不多，但是种类依旧十分丰富。除了甲龙类恐龙克氏龙、禽龙类恐龙双庙龙，还有蜥脚类恐龙北方龙等。

　　我们相信，即便是到了白垩纪晚期，辽宁地区依旧是适合恐龙生活的沃土，它们和当地种类繁多的其他生物一起构成了一幅动人的生命画卷。

天空之美

从能够仰望天空开始，那里便一直都是生命的向往。自由地翱翔于天际，那无疑是一种动人心魄的美。

早在石炭纪早期，昆虫就已经凭借薄薄的翅膜飞上天空。然而真正让天空为之震惊的却是三叠纪晚期那一群伟大的飞行家——翼龙。这是一群拥有强大的飞翔本领的脊椎动物，它们扇动着硕大的翼展，开启了天空都从未见过的一场壮阔的飞行之旅。

亿万年前的辽宁，是翼龙最喜爱的地方。无论在广袤的森林中，还是静谧的湖泊上，都有它们漂亮的翼展在天空中留下的痕迹。它们是恐龙时代最为独特的风景，以其特有的生存方式，牢牢地占据着天空霸主的地位。

不过，身为统治者的翼龙并不孤独，因为有许多鸟类可以在天空中与它们作伴。那些看起来与今天的鸟类颇为相像的古鸟，是鸟类起源的见证者。它们追随着那些已经勇敢地飞向天空的前辈，试图创造更大的奇迹。辽宁是幸运的，它见证了这一奇迹诞生的过程。它欣赏着它们一次又一次的冒险，一次又一次的蜕变，最终跨越亿万年，成为人类的朋友。

今天，当人们早已习惯了鸟类在天空中自由翱翔，以为它们一出生便拥有这样的本领时，别忘记在时间的长河中，这里有过无数勇敢的旅行者，它们曾用自己的身体完美地诠释了跨越天地的力量。

在绝大部分恐龙和哺乳动物占领着陆地空间的时候，你是否想过那浩瀚的天空中有谁在翱翔？

　　无论在喧嚣的白日，还是在宁静的夜晚，在距离今天 1 亿多年之久的、如今被称作辽宁的这片土地上，一曲生命之歌被演奏得绵延悠长。然而恐龙和哺乳动物绝不是这支乐队里唯二的乐手，那些在天空自由翱翔的翼龙，还有在树丛间跳跃的鸟儿，它们一起在天空发出了蓬勃的生命之声。

　　这只展开双翼、张着大嘴的凤凰翼龙正要去捕食一只蜻蜓。它粗壮的脖子、强劲有力的四肢、宽阔的双翼、细长却可以灵敏地控制方向的尾巴，都将在这场猎捕中发挥重要的作用。

具有飞行能力的恐龙和哺乳动物毕竟是少数，它们并非天空的主宰者。在中生代的天空中，一定还有更强大的飞行家。

让我们将时光倒退到 2 亿多年前，那时候的地球处于三叠纪晚期，辽阔的天空早已被自由飞翔的昆虫所统治。然而就是在这个时候，一群脊椎动物闯入了天空，并在短时间内接替了统治者的位置。它们就是翼龙，第一种能够飞向蓝天的脊椎动物。

到 1 亿多年前，当长有羽毛的恐龙成为辽宁这片土地的主人时，翼龙家族已经非常繁盛了。它们用完美的身体结构、优秀的飞行能力以及强大的生命力，展现出无与伦比的魅力。就是它们，陪伴着恐龙一起度过了漫长的时光。它们之间有平静的陪伴，也有激烈的争斗，共同书写出无法被时间遗忘的故事。

而此刻发生在眼前的就是几只树翼龙和一只天宇龙之间的故事。

**统治天空的翼龙是一群
什么样的生命？它们像
鸟类那样吗？还是跟恐
龙更加相像？**

　　茂密的森林在阳光的照射下，仿佛变
成了彩色的幻境。一只建昌翼龙在阳光下
兴奋地飞舞着，它小小的翼膜被照得五彩
斑斓。

　　建昌翼龙很小，和一只麻雀差不多大，
它有着胖乎乎的身体、圆溜溜的眼睛，看
起来十分可爱。

　　体形娇小并不一定就是坏事，它能
让建昌翼龙的行动更加灵活，这样既能敏
捷地避开那些想要捕食它的猎手，也更容
易捕获到它想要的猎物。因为体形小，它
的胃口也不大，随意捉些虫子，便能填饱
肚子。

不在天上飞的时候，翼龙喜欢生活在哪里？它们喜欢吃什么？它们又是怎样觅食的？相信你和我一样充满好奇。

湖面透亮得像是一面镜子，一只建昌颌翼龙在湖面上盘旋了许久。不过，它可不是想要在这"镜子"里照出自己的美貌，它正死死地盯着湖面下那些鱼儿，寻找自己的目标。

终于，它发现了一条慢吞吞的小鱼。于是它急忙张开粗壮的嘴，露出长而锋利的牙齿，径直朝水面俯冲下去。这一个猛子扎下去，瞬间把水面撞成了无数亮闪闪的碎片。只一下的工夫，它就从水里衔了一条鱼，腾空而起。

水面很快又重新拼接成了一面完整的镜子，就像什么都没有发生过一样，而建昌颌翼龙也早已经把那条不走运的鱼吞到了肚子里，若无其事地在湖面上重新盘旋起来。

虽然还是同一片土地、同一片天空，可那时候和现在真不一样啊！那时的美就是由这样一群与众不同的生命带来的。

我们所讲述的中生代辽宁的天空之美，就是从这一只只翼龙开始的。这时候的翼龙大部分都来自一个名叫非翼手龙类的家族。这是一个比较原始的翼龙家族，它们典型的特征就是没有头冠，嘴里布满尖牙，有一条长长的尾巴。

虽然它们的身体结构较为原始，但这并不妨碍它们拥有出色的飞行能力。这几只在湖面上飞行的东方颌翼龙，就毫无保留地向我们展示出它们的本领。

我们的故事依旧是从侏罗纪晚期开始的，这些天空霸主在那时候也都还是娇小的模样。

一条鱼儿跃上水面，有些兴奋地四下张望着，这里都是它不熟悉的风景，充满了新鲜和刺激。它努力控制着身体，希望能多看两眼再心满意足地返回水里。

可就在这时，一只悟空翼龙从树上腾空而起，美丽的翼展像是波浪一样在空中划出动人的弧线。它张开布满锋利牙齿的嘴巴，以闪电般的速度向小鱼俯冲下来。可怜的小鱼很快就会忘掉那些美景了，因为它马上就会成为别人的美食。

悟空翼龙体形很小，但是这并不妨碍它成为一位凶猛的猎手。它能捕食的猎物很多，鱼便是它最喜欢的猎物之一。

那个庞大的群落由一个又一个家庭组成，每一个家庭的兴衰都会对这个世界产生重要的影响。

达尔文翼龙已经大半天没吃东西了，它的肚子好饿，可是它却不能像往常一样出去觅食。在它的身下是刚刚出生不久的蛋宝宝。它得待在这儿，精心地照顾它们，以免被那些狡猾的猎手吃掉。

它的丈夫一早就出发了，先要把自己喂饱，然后便会带着食物回来。在达尔文翼龙孵化宝宝的时候，它们一直都是这样分工合作的。可是正午都已经过去了，还不见丈夫的踪影。达尔文翼龙有些担心，它时不时四下张望着，祈祷不要发生什么意外。

就在达尔文翼龙翘首期盼的时候，一抹红色忽然出现在空中，它高兴起来。丈夫的头冠总是那么夺目，当初它就是被那漂亮的头冠吸引，才深深地爱上了对方。

族群里的同伴是生活中不可缺少的
力量，它们会在一起对抗生活的孤
独以及掠食者的攻击。

一只鲲鹏翼龙抓到了一只昆虫，它没有马上放到嘴里，而是有些得意地向同伴炫耀着。然而一旁的同伴一点儿都不羡慕，因为就在不久前，它在水面上捕到了一条新鲜的鱼，就着温暖的阳光将鱼儿吞进了肚子。它站在阳光下抖动着身体，让羽毛干透了才回到森林。现在它肚子圆鼓鼓的，哪怕只是一只小虫子也塞不下了。

从三叠纪晚期诞生，到白垩纪晚期灭绝, 翼龙在长达1.6亿年的时光里经历了复杂的演化过程。

现在让我们仔细回忆一下刚刚见过的悟空翼龙、达尔文翼龙和鲲鹏翼龙，想一想它们的样子是不是已经不再符合非翼手龙类的标准呢？是的，它们属于悟空翼龙类，这是一群非常特别的翼龙，它们代表了较原始的非翼手龙类和先进的翼手龙类之间的过渡物种。

那让我们再来看看眼前这只长有牙齿、尾巴短得可怜的斗战翼龙，它似乎更加特别，在颈椎、尾部、翼掌骨和脚部这几个翼龙演化的关键特征上都比悟空翼龙类更加进步。虽然它们还不是真正意义上的翼手龙类，但是它们的出现还是告诉我们，属于先进的翼手龙类家族的时代即将开始了。

不论头冠、牙齿还是尾巴，翼龙在身体结构上所发生的变化，都是为了有一天让自己成为真正伟大的飞行家。

　　阳光把整个世界装扮得五彩斑斓，始无齿翼龙就在这彩色的世界里自由翱翔着。它的样子看起来已经和侏罗纪时期的那些翼龙大不相同了。你瞧它的头上，有一个漂亮的头冠，虽然谈不上有多大，但是仍然十分醒目。要是侏罗纪时期那些翼龙能够看到，心里也会十分羡慕。它的嘴里没有牙齿，身后也没有长长的尾巴。这样独特的形象，代表着全新的家族——翼手龙类，它们将逐渐接替非翼手龙类，成为新时代的主宰者。

　　在接下来的时间里，就让我们到它们的家族里看一看。

进入白垩纪以后，翱翔在这片天空的翼龙也越来越多，它们用宽大的翼展在天空创造出五彩斑斓的图画。

白垩纪是翼龙最辉煌的时代。虽然人们在辽宁也发现了很多来自侏罗纪的非翼手龙类，但是绝大部分非翼手龙类还是集中在欧洲地区。然而进入白垩纪以后，翼龙的分布范围变得非常广泛，而那时候生活在辽宁这一地区的翼龙无论在种类还是数量上，也都有了极大的提升。

2001 年，古生物学家在辽宁发现了一个来自白垩纪早期的翼龙头颅骨化石，这是第一个被发现的中国翼龙类的头颅骨，被命名为郝氏翼龙，属于鸟掌龙科。

牙齿退化是翼手龙类的一个显著特征，但是家族里的鸟掌龙科却是个例外，因为直到演化的最后期，鸟掌龙科的成员仍然保留着牙齿。

辽宁是很多翼龙的故乡，在白垩纪时期，它们只生活在这里，独爱这片天空。

乌云来势汹汹，一下子就铺天盖地地涌过来，把天染成了黑色，也把山染成了黑色。在浓稠的黑色中，有一个矫健的身影，它张着大嘴，挥舞双翼，看上去像是要把乌云赶走。那是来自北方翼龙科的飞龙。

这是一个独属于辽宁的翼龙家族，至少目前发现的北方翼龙科成员的化石都来自辽宁。它们曾经就生活在这里靠近湖泊的地方。

这也是独属于辽宁的翼龙家族，在那个遥远的时代，这里到处都是它们的身影。

来自古神翼龙家族的中国翼龙从一片森林上空飞过，它要飞到湖边找点儿美味的食物。在这一带，生活着很多中国翼龙，它们是这里的优势物种，到处都能见到它们高高的、华丽的头冠。

古神翼龙家族种类繁多、数量庞大。到目前为止，该家族所有的化石都发现于辽宁早白垩世热河群。因此辽宁很可能是这一家族的起源地。

湖岸边是这些翼龙最爱的栖息地之一，它们既能就近捕食水里的鱼儿，也能享受岸边的美景。

一只莫干翼龙从岸边的悬崖上起飞，准备到湖面上捕食一条小鱼。

这看似普通的一幕，却惊扰了周围休息的动物们，它们来不及弄清楚究竟发生了什么，便纷纷起身逃窜。

这可不怪它们，因为莫干翼龙实在是太大了，脑袋的长度接近1米，翼展的长度则能达到7米，谁不害怕这样的庞然大物呢！

莫干翼龙发现了猎物，它用那像利剑一样的嘴巴迅速划开水面，然后准确无误地将那条鱼儿叼在嘴里。它嘴中60多颗锋利无比的牙齿既是它捕鱼的工具，也能帮助它不让鱼儿从嘴里逃脱。

在陆地上生存的恐龙无疑是翼龙最忠实的陪伴者，然而很多时候它们又是翼龙的猎捕者，它们之间有着复杂的情感。

　　湖边站着一只鸢翼龙，它伸着长长的脖子，快速转动着脑袋，它狭长的喙以及向外呲出的锋利的牙齿也跟着来回转动。

　　在它看来，这里的危险简直无处不在——四处行走的恐龙，出没于水里的爬行动物，甚至那些行动敏捷的娇小的哺乳动物，都是恐怖的掠食者。

　　鸢翼龙算不上是一种娇小的翼龙，它的翼展大约有 2.5 米长，它常常会从天空俯冲下来，给猎物一个突然袭击。但是一旦它停落在地上，情况就变得不一样了。这里可不是它的领地，一不小心它就有可能沦为别人的猎物。

飞行对于翼龙来说是生存中最重要的能力，即便它们拥有这样的本能，还是需要多加练习。

准备，下降，瞄准降落地，控制好方向，注意速度……

一只努尔哈赤翼龙不停地在山谷中练习降落。它那几乎占据身体 1/3 长度的大脑袋正尽力控制着方向，粗壮的脖子则用力支撑着沉重的脑袋。它的翼展不停地调整着挥动的速度，而强健的后肢正一点儿一点儿地向它预设的那块岩石靠近。

很好，它成功了，落下的位置几乎和它想的分毫不差。

当所有的翼龙都在练习飞翔的时候，努尔哈赤翼龙却在练习降落。出色的降落技术能大大提升捕食的成功率，这是它生存必备的本领之一。

不同的翼龙总是会大胆地尝试朝不同的方向演化，这是它们的生存策略。

清晨的银杏叶还挂着露珠，森林翼龙已经早早地出来觅食了。

到了白垩纪，大部分翼龙的体形都在向大型化发展。但森林翼龙却是个例外，它看起来只有麻雀那么大，是体形最小的翼龙之一。这小家伙喜欢生活在森林里，前爪和脚趾都具有很强的抓握树枝的能力。

很快，森林翼龙就抓到了一只美味的小虫。它开心极了，停落在树枝上，准备好好地享用这顿大餐。四周大大的银杏叶会时刻保护着它，以免被大型猎手们发现。

如果能够拥有足够强的飞行能力，那就意味着生存领地也会随之扩大，这对于哪一种动物来说都很重要。

风停了，始神龙翼龙降落在这片陌生的土地上。它从很远的地方飞来，翼展上还带着那里的味道。始神龙翼龙不大，翼展小小的，大约只有 1.6 米长，但是它的四肢非常强壮，这给了它远行的勇气。此刻它站在地面上环顾四周，到处是干枯的树枝和被风沙磨平了棱角的石头，一派荒凉的景象。看来这儿并不适合久待，它喘口气，又接着飞行了！

141

远行是为了获得更多的食物、更丰富的水源，以及更好的生活。这是那些只能短距离飞行的翼龙所无法拥有的。

一只辽宁翼龙经过一段长途旅行后，正在湖边做短暂的休息。

因为有着伸开能达到 5 米长的宽大的翼展，辽宁翼龙非常擅于远距离飞行。它在飞行的时候总是会选择飞翔与滑翔交替的方式，这样十分省力。

休息片刻，辽宁翼龙就准备起身到湖面上去觅食。它的喙十分修长，嘴巴前端那些相互交错的锋利的牙齿，就像一张网一样，能轻松地将鱼儿抓起来。

和恐龙一样，翼龙也会面临喷发的火山给它们带来的危险。即便它们拥有极好的飞行能力，在大自然的灾难面前也无能为力。

　　湖对岸的火山已经喷发几天了，浓浓的烟尘将半边天都遮了起来。然而岸边这两只美丽飞龙并没受什么影响，它们早已习惯了四处喷发的火山，只要空气中刺鼻的味道没有那么浓烈，它们的日子都会像往常那样平静地过着。它们商量着要飞到湖上捕些鱼吃，一只美丽飞龙不断地叮嘱着同伴要注意安全。

　　美丽飞龙是始神龙翼龙的亲戚，它们都算不上翼龙家族里的大个子，这样的体形给它们的生活带来了不小的挑战。

有时候，生命就是那样脆弱，即便
只是一场暴雨，也有可能让一个鲜
活的生命戛然而止。

天空的颜色越来越暗了，先是晃眼的亮蓝，接着便是沉稳的海军蓝，现在这蓝色中掺杂了黑色，仿佛要将所有的光亮都吸走。

一场暴风雨马上就要来临。

吉大翼龙伸展双翼，奋力飞行，它可不想被这场暴雨淋湿。

不过大多数时候，翼龙生活里的重担依旧是想办法填饱肚子。毕竟这是它们每天必须要面对的问题。

阳光正好，三只尾羽龙迈着细碎的小步，一边追赶阳光，一边低头寻找食物。阳光似乎总是先它们一步照到前方的大地上，明亮而温暖，它们追着阳光的足迹，一步步向前，好像只有阳光抚摸过的地方，才会有美味的食物一样。它们并没有注意到，一只红山翼龙就在它们的头顶盘旋。它也打定主意要在这里觅食，虽然要和三只尾羽龙竞争，可它一点也不慌张。

每个生命都是与众不同的，即使来自同一个家族，不同的个体也在努力呈现属于自己的魅力。

看到鬼龙化石的那一刻，古生物学家就认定这是一种非常奇特的翼龙。化石上鬼龙的头骨栩栩如生，仿佛一下子把我们带到了它生活的时代。

鬼龙的头骨十分细长，头顶上有一个圆圆的冠饰，看起来像一个高耸的头盔。它的嘴巴前端长有粗壮锋利的牙齿，特别是最前端的几颗牙齿长度远远超过了上下颌的高度，它们向外侧龇着，即便鬼龙闭上嘴巴它们也依然露在嘴外，看起来非常可怕。

具有头冠是翼手龙类的一个明显特征，而那些头冠巨大的个体，则往往伴随着另一个特点：没有牙齿。但鬼龙却是个例外，它既长有大而华丽的头冠，嘴里又具备锋利的牙齿。在当时的辽宁地区，鬼龙是一种非常特别的存在。

不同的特征之间并没有优劣之分,重要的是能否加以妥善利用,使之变成属于自己的优势。

　　湖水是那样的清澈，让水中的鱼儿无处躲藏。一群伊卡兰翼龙低飞在湖面上，与那些楚楚可怜的鱼儿战斗。这场战斗几乎没有悬念，伊卡兰翼龙压低身子，从水面上划过，它们下颌上半圆形的骨嵴轻松地破开水面，鱼儿便游到了嘴里。它们不急着起飞，而是在湖面上又连续捕食了几次，每一次都收获满满。等它们累了，便起身飞向高处，慢慢享用那些储存在喉囊里的鱼儿。

　　伊卡兰翼龙是一种极为奇特的翼龙，因为它们的嵴冠并非长在头顶，而是长在下颌上。

有些独特的翼龙不仅模样特别，就连生活习性也很奇特，这让它们拥有了别样的生活。

天已经黑透了，森林里大多数动物都进入了甜甜的梦乡，可黄昏翼龙的生活才真正开始。一整个白天，它们都倒挂在树枝上或者岩洞里，只等着夜幕降临，便迫不及待地出去觅食。它们是一群暗夜精灵，超强的视觉以及独特的身体结构，赋予了它们和其他翼龙完全不一样的生活。

作为中生代翱翔于天空的飞行家，翼龙家族用翼膜创造出了绚烂的天空之美。

　　让我们以勇敢地穿过暗夜天空的华夏翼龙来结束中生代辽宁上空翼龙家族的故事吧！

　　到目前为止，人们已经在热河生物群中发现超过 30 个属种的翼龙，而其中大部分都来自辽宁省。热河生物群中有着世界上已知物种多样性和生态多样性丰富的翼龙动物群，且更为重要的是，许多白垩纪翼龙类群的起源和辐射中心就在这里。这些数量庞大的翼龙，曾经大大丰富了那个遥远的世界，它们的故事在那里留下了浓墨重彩的一笔。

在中生代，那些伟大的飞行家除了翼龙以外，还有鸟类。

　　从目前发现的化石来看，地球上最古老的鸟类可能出现在中侏罗世晚期甚至更早的时候，那时恐龙家族已然非常繁盛。不过很长一段时间以来，人们发现的中生代鸟类的化石都屈指可数，于是推测当时娇小的鸟类生活在恐龙的阴影下，处境非常艰难，所以它们无论在数量上还是种类上都算不上丰富。可是近30年来涌现出的化石证据，尤其是来自中国热河生物群的鸟类化石，向人们展现出一个绚丽多姿的远古鸟类世界。原来，就算恐龙如此强大，小小的鸟儿依旧生活得十分精彩！

　　这是一只来自白垩纪早期的格氏鸟，它有着强壮的喙，粗壮的牙齿，脚上还有很长的爪子，它正要趁着天色完全黑下来之前再去寻找点美味。现在，就让我们乘着格氏鸟的翅膀，一起飞向中生代辽宁的天空！

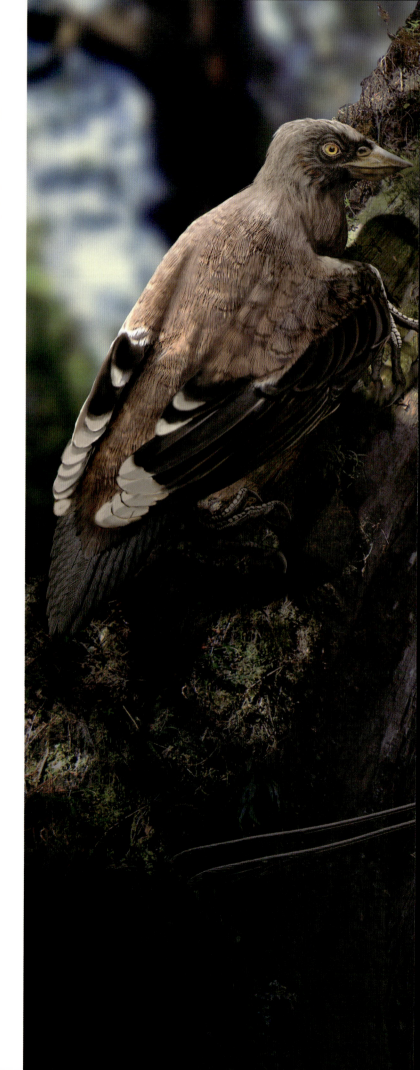

中生代的鸟类是一个非常庞大的家族，包含了较为原始的反鸟类、进步的今鸟型类，以及一些更为原始的基干鸟类，它们共享那片广阔的天空。

孔子鸟生活在一片茂密的森林中。这里到处是鲜嫩的果实、饱满的种子，它从不担心饿肚子。不过，它的生活也不是无忧无虑的，因为周围生活着很多凶猛的食肉恐龙，它时刻都得提防着，以免沦为它们的猎物。当然，它还有更重要的责任，那就是保护好自己的妻子和孩子。

孔子鸟是具有两性差异的鸟类，只有雄性孔子鸟才有长尾羽。它们总是依靠华丽的尾羽吸引异性的关注。孔子鸟不同于渤海鸟，它们是一种原始的基干鸟类。

这些形态各异的鸟儿和翼龙完全不同，它们依靠长有羽毛的翅膀飞行。

在孔子鸟生活的那片森林中，还生活着一种和它们亲缘关系很近的古鸟类，名为长城鸟。长城鸟也具有两性差异，雄性长城鸟不仅有长长的尾羽，头上还有冠状羽簇，就像现在的冠蕉鹃一样。

这只雄性长城鸟从早上开始就辛辛苦苦地舞动着华丽的尾羽，可惜连一只雌性长城鸟都没被吸引过来。现在它精疲力尽，只想弄点吃的填饱肚子。

中生代的鸟类并非从诞生之初就拥有强大的飞行能力，一开始的它们更像是恐龙，而非今天翱翔于天空的鸟。

湖岸边，一只会鸟正踱着步子，有一搭没一搭地捡拾落在地上的种子。它时而扇动几下翅膀，时而抬起脑袋四下观瞧。看到四周没什么猎手，它便走上一块高高的岩石，尝试着飞了起来。

从骨骼结构来看，会鸟保留了很多类似驰龙科恐龙的特征，这说明它们还相当原始。虽然会鸟的翅膀很大，但是它们的飞行能力并不强。它们大大的翅膀更适合滑翔，而不是扑翼飞行。

一群既像恐龙又像鸟类的生命究竟是一副什么模样，来看看它们就知道了。

　　吉祥鸟的模样乍看起来也和恐龙很像，因为它有一条长长的骨质尾巴。不过仔细看，它又和恐龙不太一样，它的前肢远远长于后肢，胸骨发达且具有龙骨突，这表明它具有一定的飞行能力。

　　一大早，吉祥鸟就在河边勤劳地觅食，就像四周的那些恐龙一样。可惜除了几颗种子，它没找到什么像样的食物，看来它得换个地方才行。吉祥鸟毫不犹豫地扇动着翅膀飞走了，只留下河边那些恐龙慢慢地朝下一个目的地走去。

我们不必为了这些鸟还不那么像"鸟"感到遗憾，它们身体上那些原始的特征，是鸟类漫长演化道路上最珍贵的站点。

屏气凝神、绷紧身体、张开锋利的爪、挥动大大的翅膀……这一系列动作，克拉通鸷一气呵成，只是瞬间的工夫，它就已经朝着树干上那只小家伙猛冲了过去。它是这片森林中有名的猎手，对付这种小猎物对它来说真是易如反掌。

趁着克拉通鸷享用美餐的时候，让我们来仔细看看它，它的样貌可真怪异。它的脑袋和兽脚类恐龙几乎没有差别，但是它的身体却有着很多与现代鸟类相似的结构，比如骨化的胸骨、加长的前肢、缩短的尾骨以及对握的脚爪。从它的身上，我们能看出一些鸟类演化的端倪。

中生代的辽宁地区有着极高的生命多样性，而每一种生物对于生态系统的健康发展都有着极为重要的意义。

黎明刚刚到来，热河鸟就被窸窸窣窣的声音吵醒了。它四下看看，原来是一些娇小的哺乳动物。它们忙碌了一晚上，填饱了肚子，这才要休息。

热河鸟拍打着翅膀，整理了羽毛，活动活动双腿，准备要开启美好的一天了。相比黑暗的夜晚，它更喜欢阳光照耀下的觅食之旅。

热河鸟喜欢吃植物的果实，吃完以后，一些坚硬的种子会随着它们的粪便排出体外。这样一来，这些植物的种子就被带到了不同的地方，大大地拓展了植物分布的范围。

这些鸟类所具备的一些特征也许在今天看来是不可思议的，但是在特定的环境下，它们都曾经扮演着不可或缺的角色。

现代鸟类的牙齿都已经退化了，但是大部分中生代鸟类却不同。它们拥有牙齿，对它们来说牙齿才是最好的觅食法宝。齿槽鸟就长有粗壮且锋利的牙齿，这使得它能够轻松地咬开昆虫、蜗牛、螃蟹等坚硬的外壳。

太阳才刚刚升起，一只齿槽鸟就扇动着翅膀准备出门了。它张大嘴巴发出不太动听的鸣叫声，原本还在它四周悠闲漫步的小家伙们全都火速逃开，它们可不想一早就成为别人的猎物。

发现于辽宁地区的反鸟类在体形、食性和生活习性上都表现出极大的不同，这些差异使得它们能够适应多样化的生态环境。

鹏鸟是中生代体形最大的反鸟类之一，它们的体重能达到400克，大多数时候它们都会栖息在树上。鹏鸟有着钝而小的牙齿，这样的牙齿很适合咬破坚硬的食物。

中生代的鸟类因为具有不同数量和形态各异的牙齿，它们的食物也不尽相同，有果实、种子，也有鱼、昆虫，以及其他小动物……这一切都表明鸟类食性的多样性其实从鸟类开始演化的早期阶段就已经出现了。

在一个庞大的家族中，特立独行也许会让你获得更大的生存机会。

契氏鸟生活在一片茂密的森林里，这里有很多鸟类，但契氏鸟仍然可以脱颖而出成为这里的明星。这大概都要拜它的尾羽所赐，你看到它那漂亮的扇状尾羽了吗？

较为原始的反鸟类，它们的尾羽要么由纤维状的羽毛构成，要么就是装饰性的长尾羽，可不管哪种类型，它们都不能帮助飞行，只会在鸟类的繁殖活动中发挥作用。可契氏鸟是个例外，它们虽然也是反鸟类，但却像今天的鸟类一样，有着漂亮的扇状尾羽，这让它们拥有了比同类更强的飞行能力。

不管为了飞行，还是为了繁衍，鸟类都在不断地进行着各种各样的尝试，这是它们为生存所做出的努力。

独特的尾羽并不是契氏鸟的专属，让我们去看看那只雅尾鹇雏（亦称鹇鶲，是中国神话传说中的神鸟）吧！它的尾羽看起来很复杂，那是因为它的尾羽分为两部分：一部分是一对又宽又长的尾羽，这样的尾羽在反鸟类中非常常见；另一部分则是由6根短尾羽构成的扇形尾羽。结构如此繁复的尾羽有着专属的名字——针型尾。

针型尾结构并不能帮助雅尾鹇雏飞行，但是具有很强的炫耀、吸引异性的功能，能够在它们的繁衍中发挥重要作用。所以特别的尾羽对于雅尾鹇雏来说还是很重要的，这是它们提升生存竞争力的有效方法。

虽然鸟儿的梦想都是能够自由地翱翔天空，可是它们也不能一直飞呀，它们需要在陆地上有个家。

　　湖边的藤蔓摇曳着，似乎在吸引那些觅食者前来。然而一旁的长翼鸟对这些可没兴趣，它两只大大的眼睛正在四下寻找可以猎捕的小动物们。它不仅喜欢捕食小鱼，也对一些小型陆生脊椎动物感兴趣。

　　在大部分反鸟类都选择栖息在树上的时候，长翼鸟将自己的栖息地搬到了水边，这让它看起来就像是生活在中生代的翠鸟。

　　事实上，从目前人们在辽宁发现的鸟类化石来看，那时候鸟类的栖息地已经非常多样化了。

多样化的栖息环境不仅意味着当地鸟类种类繁多，也展现出不同鸟类的生存智慧。

这天的阳光真好，浓密的森林被染上了动人的色彩，平静的湖面也因此闪耀着灵动的光芒。一只抓握鸟静静地站在一根树杈上，欣赏着美丽的景色。

抓握鸟有着长长的喙，这样的嘴巴很适合在湿润的泥地里寻找食物，所以它的亲戚们都选择住在水边，就好比长翼鸟，这样觅食会很方便。但抓握鸟是个例外，它喜欢生活在树上。那长长的向后弯曲的脚爪，能让它牢牢地抓住树干。

身处激烈的竞争环境，鸟儿的生活并没有那么一帆风顺，但是它们从来不曾放弃过。

　　雨后的森林雾气缭绕，仿佛仙境一般。已经饿了一上午的波罗赤鸟急不可耐地爬上树干，去追捕猎物。它脚上长有长而弯曲的钩爪，攀爬树木的能力很强。可惜它刚爬上去，那小家伙就逃走了。

　　波罗赤鸟也不着急，它是这一带出了名的猛禽，找点食物填饱肚子对它来说一点都不困难。

　　不过它可能要等会儿才能考虑捕食的事情，因为现在有一只小盗龙正死死地盯着它，它得先打赢这场战斗才行！

今天所有的鸟类都属于今鸟型类这个大家族，而最早的今鸟型类就来自中生代。

中生代的天空，除了种类繁多的反鸟类，以及一些更为原始的基干鸟类以外，还有一个奇特的大家族——今鸟型类，它们比反鸟类更进步。依照目前发现的化石来看，中生代的今鸟型类大多都来自中国的热河生物群。也就是说，远古的辽宁地区就是这些鸟儿最喜欢的栖居地之一。

古喙鸟是发现于辽宁的一种古老的今鸟型类，它和反鸟类成员最明显的区别就是牙齿已经完全退化了。这也是很多今鸟型类成员的特征。

今鸟型类成员的模样看起来和今天的鸟类更加相像，当它们展开翅膀，腾空而起的时候，就连时间的界限也变得模糊起来。

就像古喙鸟一样，星海鸟的牙齿也已经完全退化了。没有牙齿的星海鸟喜欢用又长又细的喙在淤泥里觅食，生活在那里的无脊椎动物是它最喜欢的食物。

一整个早上，星海鸟都在湖岸边的泥地里觅食。此刻，它的肚子被填得饱饱的，它想要起身飞到空中活动一下身体。

它拍打着双翅，腾空而起，身上的羽毛和脚上的爪子在阳光的照耀下闪烁着动人的光泽。

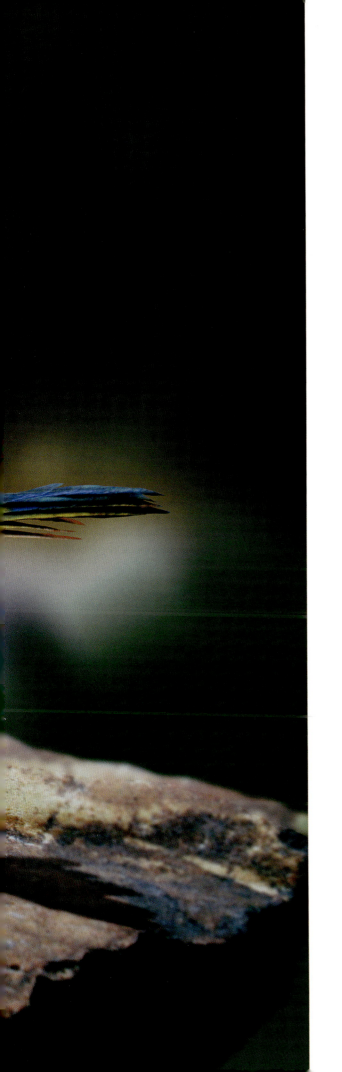

在鸟类演化的道路上，并非只有一个方向。而每一只鸟都称得上勇士，它们会勇敢地去尝试。

　　牙齿退化是今鸟型类的演化方向，但并不是所有的今鸟型类都没有牙齿。瞧这只正站在岩石上的建昌鸟，不就正用细小的牙齿叼着一条刚捕获的小鱼吗？

　　和很多有着树栖习性的鸟类不同，建昌鸟更喜欢生活在地面上，这和它们的后肢、脚趾的比例以及趾爪的形态有关。建昌鸟选定了湖岸边这块宝地，每天早晨，它会在湖水荡漾的声音中醒来，晚上又会就着湖边的微风入睡。这片偌大的湖水不仅提供着美景，还会给它供应最喜欢的食物。

从亿万年前到今天，鸟类的家族在这条漫长的道路上究竟经历了什么？发现于辽宁的珍贵的鸟类化石正在慢慢告诉我们答案。

孟子鸟机警地在地上走来走去，寻找合适的猎物。它的模样看起来十分凶猛，尤其是嘴巴前端那极为粗壮的牙齿，就像战士一样，好像时刻准备出击。

今鸟型类的牙齿一般都是从前颌骨上的牙齿开始退化的，但孟子鸟却是个例外，它上颌骨上的牙齿已经消失了，但前颌骨上的牙齿却还在。这说明今鸟型类的牙齿有着比人们推测的更为复杂的退化模式。

很快，孟子鸟就锁定了一个小家伙。只是一眨眼的工夫，孟子鸟就飞到了那家伙身旁，然后一口将它吃进嘴里。

因为能够自由地飞翔，鸟类的生活看上去似乎要比恐龙惬意得多。现在就让我们一起静静地欣赏属于它们的那些美好瞬间吧！

天色已经有些暗了，可燕鸟仍旧悠闲地在水边漫步，舍不得归巢。燕鸟有着强壮的后肢，脚趾间还长有蹼，好像天生就是在柔软的泥地里行走的好手。眼看着天一点儿一点儿地黑了下来，燕鸟这才依依不舍地起身离开水边。它展开大大的翅膀，尾羽在它的身后展成了一把宽大的扇子，它自由地翱翔在空中，那优美的身姿别提多漂亮了。

远远看去，除了嘴巴里那些锋利的牙齿，燕鸟似乎和今天的鸟类没什么区别。燕鸟并不需要用这些牙齿来咀嚼，这只是它的取食工具。

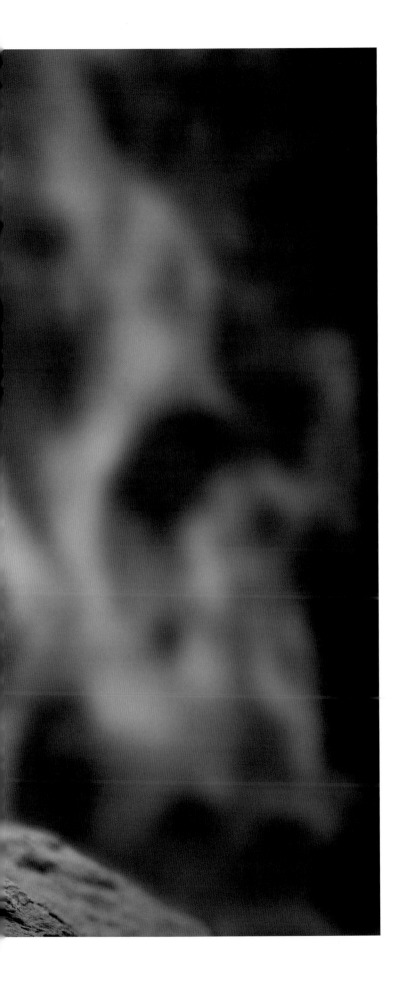

无论在开阔的湖边还是在茂密的森林里，到处都能看到鸟类的身影。鸟类家族的繁盛程度似乎并不亚于恐龙。

中生代鸟类的食性非常多样，除了鱼、无脊椎动物等，一些鸟类还喜欢进食植物。

让我们来看看眼前这只丁氏鸟是如何采食的吧。它一边悠闲地在茂密的森林里走着，一边时不时地低下头，用超长的嘴喙轻轻地啄一下。这里到处是它喜欢吃的种子和果实。很快，丁氏鸟的肚子就被填饱了，然而它并没有返回树上休息。它还得吃些小石子儿，这样才能帮它把肚子里那一大堆美食消化掉。

这是一个极具包容性的家族，形形色色的鸟类在这里共同繁衍生息。

有一些鸟类会在觅食的时候吃下大量食物，但是这些食物不全都是吞到肚子里的，而是先存放在嗉囊中。这样做有很多好处，比如可以在它们下一次饥饿的时候，快速补充食物；或者可以帮助它们把食物浸润软化，以便更好地消化。现生鸟类大都有嗉囊，可嗉囊并不是现生鸟类的专属。事实上，中生代鸟类就已经发育出嗉囊了。

古生物学家在古食种鸟的标本中就发现了嗉囊，而且在嗉囊中还保存了很多种子，这是它们进食种子的直接证据。拥有嗉囊代表着古食种鸟有了更加复杂的消化系统，这能大大增强它们的生存竞争力。

数量庞大、种类繁多的鸟类化石正在告诉我们，中生代时期的辽宁地区，曾经是鸟类的天堂。

　　副红山鸟是人们在辽宁发现的生存年代较晚的今鸟型类，它们的化石发现于大约 1.2 亿年前的九佛堂组。九佛堂组是热河生物群中地质年代最晚的一个地层，也是鸟类化石非常繁盛的一个地层。从目前发现的化石来看，这里曾经生活着原始的基干鸟类、种类繁多的反鸟类，以及多种多样的今鸟型类，它们成为远古时代辽宁地区的天空中不可或缺的角色。

　　然而，在白垩纪末期那场生命大灭绝的灾难中，不仅绝大部分恐龙走向了消亡，原始的基干鸟类和反鸟类也彻底灭绝了。只有较为先进的今鸟型类从这场灾难中幸存下来，它们走过了中生代，一路向新生代前进。

河流之美

亿万年前的辽宁，湖泊如星辰散布，河流交错纵横，滋养着这片广袤的土地。

在湖泊与河流中孕育着无数奇异的生命。从重新返回水中的水生爬行动物、古老的两栖动物，到数量庞大的鱼类、种类繁多的双壳类、叶肢介……那时候的湖泊与河流，似乎比今天更为错综复杂，生命在这里交织共生，共同构成了一个神秘而壮美的世界。

在热闹的岸边，生命也在悄然绽放。最古老的被子植物中华古果，正在水边摇曳着身姿，静静地聆听着水中时而平静、时而躁动的故事。在阳光下，它的花朵绽放出动人的模样，它微笑着，准备迎接一个新的世界。

随着时间流淌，生命更迭，这些奇特的生命早已离我们远去。然而当我们漫步水边，不妨停下脚步，闭上双眼，想象一下亿万年前那动人的景象：鱼儿在清澈的水中自由地穿梭；流线型的潜龙正在水中寻找着合适的猎物；古老的龟鳖慢慢浮出水面，晒着温暖的太阳；岸边石头上的丽蟾、辽蟾不时发出呱呱的声音；茂盛的植物在水中变幻着倒影，它们摇曳着身姿，正在聆听水中的故事……

这是多么动人的河流之美，它乘着时间，终于流淌在我们面前！

认识了在陆地上奔跑的恐龙和哺乳动物，看过了在天空飞翔的翼龙和鸟类，让我们再俯身去看看湖泊、河流，看看还有谁在远古的流水中也曾创造了美。

一条条河流在晨光中醒来，河水潺潺，唱出欢快的歌谣。一座座湖泊在月光下睡去，宁静祥和，讲述着白日里听到的故事。

当我们回到遥远的中生代，再去欣赏辽宁这片土地上的美好时，我们不能忘记那些被茂密的森林所环绕的流水，更不能忘记那些游弋在河流和湖泊中的居民。它们来自一个非常奇特的家族——水生爬行动物，一个好不容易脱离水环境，成功上岸成为爬行动物以后，却再一次义无反顾地返回水中，将自己的栖息地从陆地变为湖泊、河流甚至大海的家族。

这是一个令人钦佩的群体，为了让生活变得更加美好，付出了越来越艰苦的努力。

这条生活在水中的看起来像是蜥蜴的家伙叫作潜龙，是人们在中国发现的第一个来自中生代湖泊沉积中的长颈水生爬行动物。它们是热河生物群最具代表性的居民之一，到目前为止人们已经发现了数千具潜龙的化石，从胚胎到成年，涵盖了其生长发育的各个阶段，而这些化石都发现于辽宁省。

你想知道那些像恐龙或者翼龙一样，同样来自爬行动物家族，却喜欢在水里生活的家伙们过着什么样的生活吗？

湖泊跟随着阳光不停地变换着色彩，宛若一块流光溢彩的宝石。六只小喜水龙很幸运，它们一出生就待在这梦幻的世界里。而更幸运的是，它们的妈妈每时每刻都陪伴在它们身边。

喜水龙和潜龙来自同一个家族——离龙类。当时古生物学家发现六只喜水龙幼体和一只成年喜水龙在一起的化石时十分激动，因为这是它们抚育后代的珍贵的化石证据。

有了成年喜水龙的保护，喜水龙宝宝便能够更有效地避免被捕食，从而有更大的机会生存下来。

你想知道这些水生爬行动物是如何让自己适应水中生活的吗？只要想想就知道这并不是一件容易的事情。

热烈的阳光透过水面调皮地向水中奔跑，只要它待过的地方就留下了透亮的光，顺着光，悠闲地在水中畅游的伊克昭龙便会走入我们的视线。

这只看起来和鳄鱼非常相像的伊克昭龙也来自离龙类家族，它有着长而尖细的口鼻部，嘴中布满了小而锋利的牙齿，是捕食猎物的好工具。

伊克昭龙非常适应水中的生活，它的四肢是特化的，指（趾）间有蹼，它们像桨一样能够轻松地推动它的身体在水中运动。

伊克昭龙不仅外形和鳄鱼很像，就连生活方式也相仿。这倒不是说它们之间有多近的亲缘关系，只是因为它们生活的环境相像，所以才造就了相似的身体结构和生活方式。

很多水生爬行动物是为了离开陆地激烈的竞争环境才重返水中的，然而水中也并非世外桃源。为了能够生存下去，它们想了很多办法。

2003 年，古生物学家在辽宁发现了一件奇特的满洲鳄化石标本。在这只不足半米长的满洲鳄体内，有 7 个已被不同程度消化的幼崽尸骨。这是热河生物群发现的第一件脊椎动物嗜食同类的化石证据。

嗜食同类在无脊椎动物以及低等的脊椎动物中很普遍，但是在高等的脊椎动物中却并不那么常见。因此满洲鳄这块独特的标本引起了大家极大关注，也让人们对这种动物有了更深的了解。

满洲鳄也是离龙类成员，但是样子有些特别。它的脑袋看起来圆圆的，身体有些扁宽，四肢十分粗壮，有一条细长的尾巴。它体形不大，看上去也并不是十分凶猛的猎手。然而现在我们知道的这些都只是假象罢了。

我们总以为恐龙是中生代的统治者，事实上它们只是陆地的霸主。那时候的天空、河流、湖泊以及海洋，都是其他生命的乐园。

　　中生代时期的辽宁，淡水湖泊星罗棋布，畅游其中的动物们除了离龙类，还有同样来自水生爬行动物家族的龟鳖类，以及成群结队的鲟鱼、狼鳍鱼等鱼类，辽西螈、丽蟾、辽蟾等两栖动物，种类繁多的双壳类、叶肢介……它们共同构成了一个丰富多样的湖泊生态系统，与恐龙、哺乳动物、翼龙、鸟类等共享这片繁华之地。

　　眼前这只满洲龟是白垩纪当地一种标志性的龟类，而满洲龟化石也是热河生物群中第一批被发现的四足动物化石。满洲龟就生活在当时的湖泊水域中，有着和现代龟相似的生活习性。

中生代辽宁地区的河流和湖泊是多样性极高的生态系统，不同种类的族群都对生态系统的平衡和稳定做出了显著贡献。

　　湖水看起来有些浑浊，这都要拜三条中生鳗所赐。就在刚刚，它们将目标锁定在一条原白鲟身上，它们看准时机，迫不及待地张开大口，从三面包围了上去。

　　中生鳗像鳗鱼一样的身体显然已经进入战斗的状态。它们激烈地扭动着，要在气势上给猎物造成极大的压迫感。它们的嘴巴看起来非常恐怖，像结构精密的吸盘。接下来，它们就要用这个大大的吸盘去吸食原白鲟身体里的血。

如今我们可以通过一块块化石复原出当初的繁荣，想象这些可爱的生命在生活中每一个动人的瞬间。

湖面十分平静，只有木贼的倒影在水面上轻轻摇曳。

一只丽蟾在木贼的茎杆间跳跃，忽然，它跃上了一段长有苔藓的树干，两只大大的眼睛警觉地望向前方。它一定是发现了喜欢的猎物——那种常常出没于水边的昆虫。

准备，起跳……丽蟾从石头上一跃而起，一口将那只昆虫吃进嘴里。这次，它没再返回石头上休息，而是一头扎进了水里。

湖面上木贼的倒影随着水波晃动了一会儿，紧接着湖面便重归平静，就像什么都没发生一样。

在距离今天亿万年之久的这片神奇的土地上，无论陆地、天空还是海洋，都曾有过如此鲜活的生命丰富着我们共同的家园——地球。这是用生命写就的壮丽诗篇。

白垩纪早期的辽宁，气候比现在更加温暖潮湿，到处都被苏铁类、银杏类、松柏类等裸子植物环抱着，而高等的开花的被子植物也已经出现在这片土地上。正是因为这样得天独厚的自然条件，才孕育出一个物种丰富、充满生命力的世界。

就让我们在与这只辽蟾的对视中结束我们的故事吧！在它大大的眼睛中，我们仿佛看到了过去在这片土地上所发生的一切。

时光在昼夜交替中一点点流逝，但它也许从未真正地离开我们。它将自己的印记印刻在每一个我们可以看到、听到、抚摸到的角落，让遥远的过去就这样悄无声息地来到我们身边。让我们今天站在这片土地上，仍然能感受到它跨越时间，充满生命力的壮丽与美好。

索引

天宇龙 020

学　　名　Tianyulong
体　　形　体长约 1 米
食　　性　植食
生存年代　侏罗纪晚期
化石产地　亚洲，中国，辽宁

朝阳龙 023

学　　名　Chaoyangsaurus
体　　形　体长约 1 米
食　　性　植食
生存年代　侏罗纪晚期
化石产地　亚洲，中国，辽宁

中华龙鸟 025

学　　名　Sinosauropteryx
体　　形　体长约 1 米
食　　性　肉食
生存年代　白垩纪早期
化石产地　亚洲，中国，辽宁

张和兽 026

学　　名　Zhangheotherium
体　　形　头身长约 0.15 米
食　　性　昆虫等
生存年代　白垩纪早期
化石产地　亚洲，中国，辽宁

中国鸟龙 029

学　　名　Sinornithosaurus
体　　形　体长约 1.1 米
食　　性　肉食
生存年代　白垩纪早期
化石产地　亚洲，中国，辽宁

天宇盗龙 031

学　　名　Tianyuraptor
体　　形　体长 1.6—2.3 米
食　　性　肉食
生存年代　白垩纪早期
化石产地　亚洲，中国，辽宁

振元龙 032

学　　名　Zhenyuanlong
体　　形　体长约 2 米
食　　性　肉食
生存年代　白垩纪早期
化石产地　亚洲，中国，辽宁

寐龙 034

学　　名　Mei
体　　形　体长 0.6—0.8 米
食　　性　肉食
生存年代　白垩纪早期
化石产地　亚洲，中国，辽宁

辽宁猎龙 037

学　　名　Liaoningvenator
体　　形　体长约 0.69 米
食　　性　肉食
生存年代　白垩纪早期
化石产地　亚洲，中国，辽宁

中国猎龙 039

学　　名　Sinovenator
体　　形　体长约 1.1 米
食　　性　肉食
生存年代　白垩纪早期
化石产地　亚洲，中国，辽宁

东北巨龙 041

学　　名　Dongbeititan
体　　形　体长约 11 米
食　　性　植食
生存年代　白垩纪早期
化石产地　亚洲，中国，辽宁

锦州龙 042

学　　名　Jinzhousaurus
体　　形　体长约 7 米
食　　性　植食
生存年代　白垩纪早期
化石产地　亚洲，中国，辽宁

薄氏龙 044

学　　名　Bolong
体　　形　体重约 0.2 吨
食　　性　植食
生存年代　白垩纪早期
化石产地　亚洲，中国，辽宁

辽宁龙 046

学　　名　Liaoningosaurus
体　　形　体长约 0.34 米
食　　性　杂食
生存年代　白垩纪早期
化石产地　亚洲，中国，辽宁

鹦鹉嘴龙 049

学　　名	*Psittacosaurus*
体　　形	体长 0.8—2 米
食　　性	植食
生存年代	白垩纪早期
化石产地	亚洲，中国，辽宁等

辽宁角龙 050

学　　名	*Liaoceratops*
体　　形	体长约 1 米
食　　性	植食
生存年代	白垩纪早期
化石产地	亚洲，中国，辽宁

大连龙 053

学　　名	*Daliansaurus*
体　　形	体长约 1 米
食　　性	肉食
生存年代	白垩纪早期
化石产地	亚洲，中国，辽宁

曲鼻龙 055

学　　名	*Sinusonasus*
体　　形	体长约 1.2 米
食　　性	肉食
生存年代	白垩纪早期
化石产地	亚洲，中国，辽宁

华夏颌龙 056

学　　名	*Huaxiagnathus*
体　　形	体长约 1.8 米
食　　性	肉食
生存年代	白垩纪早期
化石产地	亚洲，中国，辽宁

中国袋兽 059

学　　名	*Sinodelphys*
体　　形	体长约 0.15 米
食　　性	食虫性
生存年代	白垩纪早期
化石产地	亚洲，中国，辽宁

始祖兽 060

学　　名	*Eomaia*
体　　形	体长约 0.14 米
食　　性	食虫性
生存年代	白垩纪早期
化石产地	亚洲，中国，辽宁

掘兽 063

学　　名	*Fossiomanus*
体　　形	体长约 0.31 米
食　　性	食虫性
生存年代	白垩纪早期
化石产地	亚洲，中国，辽宁

原始祖鸟 065

学　　名	*Protarchaeopteryx*
体　　形	体长约 1 米
食　　性	杂食
生存年代	白垩纪早期
化石产地	亚洲，中国，辽宁

切齿龙 067

学　　名	*Incisivosaurus*
体　　形	体长约 1 米
食　　性	植食或杂食
生存年代	白垩纪早期
化石产地	亚洲，中国，辽宁

神州龙 069

学　　名	*Shenzhousaurus*
体　　形	体长约 1.6 米
食　　性	植食
生存年代	白垩纪早期
化石产地	亚洲，中国，辽宁

建昌龙 071

学　　名	*Jianchangosaurus*
体　　形	体长约 2 米
食　　性	植食
生存年代	白垩纪早期
化石产地	亚洲，中国，辽宁

北票龙 072

学　　名	*Beipiaosaurus*
体　　形	体长超过 2.2 米
食　　性	植食
生存年代	白垩纪早期
化石产地	亚洲，中国，辽宁

热河龙 075

学　　名	*Jeholosaurus*
体　　形	体长约 1 米
食　　性	杂食
生存年代	白垩纪早期
化石产地	亚洲，中国，辽宁

源掠兽 076

学　　名　*Origolestes*
体　　形　体长约 0.11 米
食　　性　杂食
生存年代　白垩纪早期
化石产地　亚洲，中国，辽宁

尾羽龙 078

学　　名　*Caudipteryx*
体　　形　体长约 0.75—0.8 米
食　　性　杂食
生存年代　白垩纪早期
化石产地　亚洲，中国，辽宁

长羽盗龙 080

学　　名　*Changyuraptor*
体　　形　体长约 1.3 米
食　　性　肉食
生存年代　白垩纪早期
化石产地　亚洲，中国，辽宁

小盗龙 083

学　　名　*Microraptor*
体　　形　体长 0.55—1 米
食　　性　肉食
生存年代　白垩纪早期
化石产地　亚洲，中国，辽宁

舞龙 085

学　　名　*Wulong*
体　　形　体长约 0.9 米
食　　性　肉食
生存年代　白垩纪早期
化石产地　亚洲，中国，辽宁

中华丽羽龙 087

学　　名　*Sinocalliopteryx*
体　　形　体长约 2.4 米
食　　性　肉食
生存年代　白垩纪早期
化石产地　亚洲，中国，辽宁

中国暴龙 089

学　　名　*Sinotyrannus*
体　　形　体长约 9 米
食　　性　肉食
生存年代　白垩纪早期
化石产地　亚洲，中国，辽宁

羽王龙 091

学　　名　*Yutyrannus*
体　　形　体长约 9 米
食　　性　肉食
生存年代　白垩纪早期
化石产地　亚洲，中国，辽宁

帝龙 092

学　　名　*Dilong*
体　　形　体长约 1.6 米
食　　性　肉食
生存年代　白垩纪早期
化石产地　亚洲，中国，辽宁

辽尖齿兽 095

学　　名　*Liaoconodon*
体　　形　体长约 0.2 米
食　　性　杂食
生存年代　白垩纪早期
化石产地　亚洲，中国，辽宁

爬兽 097

学　　名　*Repenomamus*
体　　形　最大的体长可达 1 米
食　　性　肉食
生存年代　白垩纪早期
化石产地　亚洲，中国，辽宁

克氏龙 099

学　　名　*Crichtonsaurus*
体　　形　体长约 3 米
食　　性　植食
生存年代　白垩纪晚期
化石产地　亚洲，中国，辽宁

双庙龙 100

学　　名　*Shuangmiaosaurus*
体　　形　体长约 7.5 米
食　　性　植食
生存年代　白垩纪晚期
化石产地　亚洲，中国，辽宁

北方龙 102

学　　名　*Borealosaurus*
体　　形　体长约 12 米
食　　性　植食
生存年代　白垩纪晚期
化石产地　亚洲，中国，辽宁

凤凰翼龙 107

学　名	*Fenghuangopterus*
体　形	翼展约 1.5 米
食　性	鱼类
生存年代	侏罗纪晚期
化石产地	亚洲，中国，辽宁

树翼龙 109

学　名	*Dendrorhynchoides*
体　形	翼展约 0.72 米
食　性	昆虫
生存年代	侏罗纪晚期
化石产地	亚洲，中国，辽宁

建昌翼龙 110

学　名	*Jianchangopterus*
体　形	翼展约 0.32 米
食　性	昆虫
生存年代	侏罗纪晚期
化石产地	亚洲，中国，辽宁

建昌颌翼龙 113

学　名	*Jianchangnathus*
体　形	翼展约 1.2 米
食　性	鱼类
生存年代	侏罗纪晚期
化石产地	亚洲，中国，辽宁

东方颌翼龙 114

学　名	*Orientognathus*
体　形	翼展约 1.1 米
食　性	鱼类
生存年代	侏罗纪晚期
化石产地	亚洲，中国，辽宁

悟空翼龙 116

学　名	*Wukongopterus*
体　形	翼展约 0.73 米
食　性	鱼类
生存年代	侏罗纪晚期
化石产地	亚洲，中国，辽宁

达尔文翼龙 119

学　名	*Darwinopterus*
体　形	翼展约 1 米
食　性	鱼、甲虫等
生存年代	侏罗纪晚期
化石产地	亚洲，中国，辽宁

鲲鹏翼龙 120

学　名	*Kunpengopterus*
体　形	翼展约 0.7 米
食　性	鱼类
生存年代	侏罗纪晚期
化石产地	亚洲，中国，辽宁

斗战翼龙 123

学　名	*Douzhanopterus*
体　形	翼展约 0.75 米
食　性	鱼类
生存年代	侏罗纪晚期
化石产地	亚洲，中国，辽宁

始无齿翼龙 125

学　名	*Eopteranodon*
体　形	翼展约 1.1 米
食　性	鱼类
生存年代	白垩纪早期
化石产地	亚洲，中国，辽宁

郝氏翼龙 127

学　名	*Haopterus*
体　形	翼展约 1.35 米
食　性	鱼类
生存年代	白垩纪早期
化石产地	亚洲，中国，辽宁

飞龙 128

学　名	*Feilongus*
体　形	翼展约 2.4 米
食　性	鱼类等
生存年代	白垩纪早期
化石产地	亚洲，中国，辽宁

中国翼龙 130

学　名	*Sinopterus*
体　形	翼展约 1.2 米
食　性	杂食
生存年代	白垩纪早期
化石产地	亚洲，中国，辽宁

莫干翼龙 133

学　名	*Moganopterus*
体　形	翼展超过 5 米
食　性	鱼类
生存年代	白垩纪早期
化石产地	亚洲，中国，辽宁

鸢翼龙 134

学　名　*Elanodactylus*
体　形　翼展约 2.5 米
食　性　鱼类
生存年代　白垩纪早期
化石产地　亚洲, 中国, 辽宁

努尔哈赤翼龙 136

学　名　*Nurhachius*
体　形　翼展约 2.5 米
食　性　食腐
生存年代　白垩纪早期
化石产地　亚洲, 中国, 辽宁

森林翼龙 139

学　名　*Nemicolopterus*
体　形　翼展约 0.25 米
食　性　昆虫
生存年代　白垩纪早期
化石产地　亚洲, 中国, 辽宁

始神龙翼龙 140

学　名　*Eoazhdarcho*
体　形　翼展约 1.6 米
食　性　肉食
生存年代　白垩纪早期
化石产地　亚洲, 中国, 辽宁

辽宁翼龙 143

学　名　*Liaoningopterus*
体　形　翼展约 5 米
食　性　鱼类
生存年代　白垩纪早期
化石产地　亚洲, 中国, 辽宁

美丽飞龙 145

学　名　*Meilifeilong*
体　形　翼展 2.16—2.18 米
食　性　鱼类
生存年代　白垩纪早期
化石产地　亚洲, 中国, 辽宁

吉大翼龙 146

学　名　*Jidapterus*
体　形　翼展约 1.6 米
食　性　鱼类
生存年代　白垩纪早期
化石产地　亚洲, 中国, 辽宁

红山翼龙 149

学　名　*Hongshanopterus*
体　形　不详
食　性　鱼类
生存年代　白垩纪早期
化石产地　亚洲, 中国, 辽宁

鬼龙 151

学　名　*Guidraco*
体　形　翼展约 4.5 米
食　性　鱼类
生存年代　白垩纪早期
化石产地　亚洲, 中国, 辽宁

伊卡兰翼龙 152

学　名　*Ikrandraco*
体　形　翼展约 1.5 米
食　性　鱼类
生存年代　白垩纪早期
化石产地　亚洲, 中国, 辽宁

黄昏翼龙 154

学　名　*Vesperopterylus*
体　形　翼展不到 1 米
食　性　昆虫
生存年代　白垩纪早期
化石产地　亚洲, 中国, 辽宁

华夏翼龙 157

学　名　*Huaxiapterus*
体　形　翼展不到 1 米
食　性　鱼类
生存年代　白垩纪早期
化石产地　亚洲, 中国, 辽宁

格氏鸟 159

学　名　*Gretcheniao*
体　形　翼展约 0.23 米（含羽毛）；
　　　　体长约 0.09 米（不含羽毛）
食　性　肉食
生存年代　白垩纪早期
化石产地　亚洲, 中国, 辽宁

孔子鸟 160

学　名　*Confuciusornis*
体　形　翼展约 0.7 米（含羽毛）；
　　　　体长约 0.48 米（含羽毛）
食　性　植食
生存年代　白垩纪早期
化石产地　亚洲, 中国, 辽宁

长城鸟 162

学　名　*Changchengornis*
体　形　翼展约 0.5 米（含羽毛）；
　　　　　体长约 0.3 米（含羽毛）
食　性　杂食
生存年代　白垩纪早期
化石产地　亚洲，中国，辽宁

会鸟 165

学　名　*Sapeornis*
体　形　翼展约 1.3 米（含羽毛）；
　　　　　体长约 0.44 米（含羽毛）
食　性　植食
生存年代　白垩纪早期
化石产地　亚洲，中国，辽宁

吉祥鸟 166

学　名　*Jixiangornis*
体　形　翼展约 0.55 米（不含羽毛）；
　　　　　体长约 0.73 米（不含羽毛）
食　性　植食
生存年代　白垩纪早期
化石产地　亚洲，中国，辽宁

克拉通鹫 168

学　名　*Cratonavis*
体　形　翼展约 0.7 米（含羽毛）；
　　　　　体长约 0.27 米（不含长尾羽）
食　性　肉食
生存年代　白垩纪早期
化石产地　亚洲，中国，辽宁

热河鸟 171

学　名　*Jeholornis*
体　形　翼展约 1.25 米（含羽毛）；
　　　　　体长最大约 0.85 米（含羽毛）
食　性　植食
生存年代　白垩纪早期
化石产地　亚洲，中国，辽宁

齿槽鸟 172

学　名　*Sulcavis*
体　形　翼展约 0.45 米（含羽毛）；
　　　　　体长约 0.29 米（含羽毛）
食　性　肉食
生存年代　白垩纪早期
化石产地　亚洲，中国，辽宁

鹏鸟 175

学　名　*Pengornis*
体　形　翼展约 0.3 米（不含羽毛）；
　　　　　体长约 0.23 米（不含羽毛）
食　性　肉食
生存年代　白垩纪早期
化石产地　亚洲，中国，辽宁

契氏鸟 177

学　名　*Chiappeavis*
体　形　翼展约 0.36 米（不含羽毛）；
　　　　　体长约 0.16 米（不含羽毛）
食　性　肉食
生存年代　白垩纪早期
化石产地　亚洲，中国，辽宁

鹓鶵 179

学　名　*Yuanchuavis*
体　形　翼展不详；
　　　　　体长约 0.6 米（含羽毛）
食　性　肉食
生存年代　白垩纪早期
化石产地　亚洲，中国，辽宁

长翼鸟 180

学　名　*Longipteryx*
体　形　翼展约 0.22 米（不含羽毛）；
　　　　　体长约 0.18 米（不含羽毛）
食　性　肉食
生存年代　白垩纪早期
化石产地　亚洲，中国，辽宁

抓握鸟 183

学　名　*Rapaxavis*
体　形　翼展约 0.12 米（不含羽毛）；
　　　　　体长约 0.11 米（不含羽毛）
食　性　肉食
生存年代　白垩纪早期
化石产地　亚洲，中国，辽宁

波罗赤鸟 185

学　名　*Boluochia*
体　形　翼展不详；
　　　　　推测体长约 0.15 米（不含羽毛）
食　性　肉食
生存年代　白垩纪早期
化石产地　亚洲，中国，辽宁

古喙鸟 186

学　名　*Archaeorhynchus*
体　形　翼展约 0.52 米（含羽毛）；
　　　　体长约 0.2 米（含羽毛）
食　性　植食
生存年代　白垩纪早期
化石产地　亚洲, 中国, 辽宁

星海鸟 189

学　名　*Xinghaiornis*
体　形　翼展约 0.66 米（含羽毛）；
　　　　体长约 0.23 米（含羽毛）
食　性　肉食
生存年代　白垩纪早期
化石产地　亚洲, 中国, 辽宁

建昌鸟 191

学　名　*Jianchangornis*
体　形　翼展约 0.42 米（不含羽毛）；
　　　　体长约 0.33 米（不含羽毛）
食　性　肉食
生存年代　白垩纪早期
化石产地　亚洲, 中国, 辽宁

孟子鸟 193

学　名　*Mengciusornis*
体　形　翼展约 0.63 米（含羽毛）；
　　　　体长约 0.2 米（不含羽毛）
食　性　肉食
生存年代　白垩纪早期
化石产地　亚洲, 中国, 辽宁

燕鸟 195

学　名　*Yanornis*
体　形　翼展约 0.66 米（含羽毛）；
　　　　体长约 0.38 米（含羽毛）
食　性　肉食
生存年代　白垩纪早期
化石产地　亚洲, 中国, 辽宁

丁氏鸟 197

学　名　*Dingavis*
体　形　翼展约 0.25 米（不含羽毛）；
　　　　体长约 0.23 米（不含羽毛）
食　性　植食
生存年代　白垩纪早期
化石产地　亚洲, 中国, 辽宁

古食种鸟 199

学　名　*Eogranivora*
体　形　翼展约 0.58 米（含羽毛）；
　　　　体长约 0.27 米（含羽毛）
食　性　植食
生存年代　白垩纪早期
化石产地　亚洲, 中国, 辽宁

副红山鸟 200

学　名　*Parahongshanornis*
体　形　翼展约 0.16 米（不含羽毛）；
　　　　体长约 0.1 米（不含羽毛）
食　性　杂食
生存年代　白垩纪早期
化石产地　亚洲, 中国, 辽宁

潜龙 205

学　名　*Hyphalosaurus*
体　形　体长约 1 米
食　性　鱼等
生存年代　白垩纪早期
化石产地　亚洲, 中国, 辽宁

喜水龙 207

学　名　*Philydrosaurus*
体　形　体长 0.28 米
食　性　无脊椎动物等
生存年代　白垩纪早期
化石产地　亚洲, 中国, 辽宁

伊克昭龙 208

学　名　*Ikechosaurus*
体　形　体长约 1 米
食　性　鱼等
生存年代　白垩纪早期
化石产地　亚洲, 中国, 辽宁等

满洲鳄 210

学　名　*Monjurosuchus*
体　形　体长约 0.4 米
食　性　无脊椎动物等
生存年代　白垩纪早期
化石产地　亚洲, 中国, 辽宁等

满洲龟 213

学　　名　*Manchurochelys*
体　　形　体长约 0.2 米
食　　性　杂食
生存年代　白垩纪早期
化石产地　亚洲，中国，辽宁

中生鳗 214

学　　名　*Mesomyzon*
体　　形　体长约 0.26 米
食　　性　杂食
生存年代　白垩纪早期
化石产地　亚洲，中国，辽宁

丽蟾 217

学　　名　*Callobatrachus*
体　　形　体长约 0.1 米
食　　性　杂食
生存年代　白垩纪早期
化石产地　亚洲，中国，辽宁

辽蟾 219

学　　名　*Liaobatrachus*
体　　形　体长约 0.07 米
食　　性　杂食
生存年代　白垩纪早期
化石产地　亚洲，中国，辽宁

图书在版编目（CIP）数据

辽宁美：1.2亿年前的生命奇观 / 赵闯绘；杨杨文. -- 沈阳：辽宁
科学技术出版社, 2025. 4. -- (寻美大中华). -- ISBN 978-7-5591-4043-2

Ⅰ. Q915.864-49

中国国家版本馆CIP数据核字第2025BP0097号

出版发行：辽宁科学技术出版社
　　　　　（地址：沈阳市和平区十一纬路25号　邮编：110003）
印　刷　者：凸版艺彩（东莞）印刷有限公司
幅面尺寸：210mm×285mm
印　　张：15.5
字　　数：230千字
出版时间：2025年4月第1版
印刷时间：2025年4月第1次印刷
出　品　人：陈　刚
责任编辑：胡嘉思　凌　敏　闻　通　张　永　徐艺溪
封面设计：陈　超
封面字体设计：严永亮
版式设计：杨岩周　郭芷夷
责任校对：王玉宝

书　　号：ISBN 978-7-5591-4043-2
定　　价：158.00元

投稿热线：024-23284365
邮购热线：024-23284502
E-mail:artscienceln@hotmail.com
http://www.lnkj.com.cn